中国电力教育协会审定

《配电网建设改造行动计划》技术培训系列教材

12kV 固体绝缘环网柜技术问答

国网山西省电力公司　组编

中国电力出版社
CHINA ELECTRIC POWER PRESS

内 容 提 要

为普及固体绝缘环网柜的技术知识，提升固体绝缘环网柜的运行可靠性，满足生产、运行和检修等专业各自对固体绝缘环网柜不同方面的深入了解。国网山西省电力公司和电力行业输配电技术协作网（EPTC）开关专委会固体绝缘环网柜工作组组织编写了《12kV 固体绝缘环网柜技术问答》。

本书共分为五章，分别为概述，结构特性与工艺，试验，安装，验收、运维与检修。全书以问答的形式体现，通俗易懂、实用性强。

本书既可作为固体绝缘环网柜从业者的培训教材，也可供从事固体绝缘环网柜生产、运行、安装、调试、检修等方面的工程技术人员、管理人员和科研人员参考。

图书在版编目（CIP）数据

12kV 固体绝缘环网柜技术问答 / 国网山西省电力公司组编. —北京：中国电力出版社，2019.12

ISBN 978-7-5198-0765-8

Ⅰ. ①1… Ⅱ. ①国… Ⅲ. ①固体绝缘材料—金属封闭开关—问题解答 Ⅳ. ①TM564-44

中国版本图书馆 CIP 数据核字（2019）第 040103 号

出版发行：中国电力出版社
地　　址：北京市东城区北京站西街 19 号（邮政编码 100005）
网　　址：http://www.cepp.sgcc.com.cn
责任编辑：罗　艳（010-63412315）
责任校对：王小鹏
装帧设计：张俊霞
责任印制：石　雷

印　　刷：北京天宇星印刷厂
版　　次：2020 年 4 月第一版
印　　次：2020 年 4 月北京第一次印刷
开　　本：850 毫米×1168 毫米　32 开本
印　　张：5.5
字　　数：104 千字
印　　数：0001—2000 册
定　　价：30.00 元

《配电网建设改造行动计划》教材建设委员会

《配电网建设改造行动计划》教材编审委员会

（按姓氏笔画排序）

本书编委会

主　任　任　远

委　员　原敏宏　许玉斌　周国华　穆广祺　王钢斌

　　　　安立进　罗永勤　王永福　韩　丽　翟利民

本书编写人员名单

主　　编　杨成鹏

副 主 编　任　勇　李亚国　杨　峥　李　策　黄佳宁

　　　　　谭东现

编写人员　易　平　丁建武　郗晓光　李晓峰　郑　建

　　　　　谢　成　郑蜀江　黄　涛　彭　晶　崔　凯

　　　　　牛全保　高　凯　相晓鹏　朱旭亮　薛　荣

　　　　　李　昇　王瑞珏　韩润东　苏　龙　王　凯

　　　　　史敏杰　张　宇　史奕龙　霍亚俊　聂小俭

　　　　　栗　涛　程　旭　郭晓程　杨晓帅　郝逸亮

　　　　　岳　鹏　张励烽　刘洪涛　李化欣　张亚星

　　　　　翟珊珊　魏　杰　彭清明　周振业　吕恩林

　　　　　卢解良　姚　光　袁玉国　陶　杰　梁吉省

　　　　　李徽胜　朱志伟

教材编审委员会本书审定人员

主　审　丁　荣　霍凤鸣

为贯彻落实中央“稳增长、调结构、促改革、惠民生”有关部署，加快配电网建设改造，推进转型升级，服务经济社会发展，国家发展改革委、国家能源局于2015年先后印发了《关于加快配电网建设改造的指导意见》（发改能源〔2015〕1899号）和《配电网建设改造行动计划（2015—2020年）》（国能电力〔2015〕290号），动员和部署实施配电网建设改造行动，进一步加大建设改造力度，建设一个城乡统筹、安全可靠、经济高效、技术先进、环境友好的配电网设施和服务体系。

为配合《配电网建设改造行动计划（2015—2020年）》的实施，保证相关政策和要求落实到位，进一步提升电网技术人员的素质与水平，建设一支坚强的技术人才队伍，中国电力教育协会自2016年开始，组织修编和审定一批反映配电网技术升级、符合职业教育和培训实际需要的高质量的培训教材，即《配电网建设改造行动计划》技术培训系列教材。

中国电力教育协会专门成立了《配电网建设改造行动计划》教材建设委员会、教材编审委员会，并根据配电网特点与培训实际在教材编审委员会下设规划设计、配电网建设、运行与维护、配电自动化、分布式电源与微网、新技术与新装备、标准应用和专项技能8个专业技术工作组，主要职责为审定教材规划、目录、教材编审委员会名单、教材评估标准，推进教材专家库的建设，促进培训教材推广应用。委员主要由国家能源局、中国电力企业联合会、国家电网有限公司、中国南方电网有限责任公司、内蒙古电力（集团）有限责任公司等相关电力企业（集团）人力资源、生产、培训等管理部门、科研机构、高等院校以及部分大型装备制造企业推荐组成。常设服务机构为教材建设委员会办公室，由中国电力教育协会联合国网技术学院、中国南方电网有限责任公司教育培训评价中心和中国电力出版社相关工作人员组成，负责日常工作的组织实施。

为规范《配电网建设改造行动计划》教材编审工作，中国电力教育协会组织审议并发布了《中国电力教育协会〈配电网建设改造行动计划〉教材管理办法》和《中国电力教育协会〈配电网建设改造行动计划〉教材编写细则》，指导和监督教材规划、开发、编写、审定、推荐工作。申报教材类型分为精品教材、修订教材、新编教材和数字化教材。于2016～2020年每年组织一次教材申报、评审及教材目录发布。中国电力教育协会定期组织教材编审委员会对已立项选题教材进行出版前审核，并报教材建设委员会批准，满足教材审查条件并通过审核的教材作为"《配电网建设改造行动计划》技术培训系列教材"发布。在线申报/推荐评审系统为中国电力出版社网站 http://www.cepp.sgcc.com.cn，邮件申报方式为pdwjc@sgcc.com.cn，通知及相关表格也可在中国电力企业联合会网站技能鉴定与教育培训专栏下载。每批通过的项目会在该专栏以及中国电力出版社网站上公布。

本系列教材是在国家能源局的技术指导下，中国电力企业联合会的大力支持和国家电网有限公司、南方电网公司等以及相关电力企业集团的积极响应下组织实施的，凝聚了全行业专家的经验和智慧，汇集和固化了全国范围内配电网建设改造的典型成果，实用性强、针对性强、操作性强。教材具有新形势下培训教材的系统性、创新性和可读性的特点，力求满足电力教育培训的实际需求，旨在开启配电网建设改造系列培训教材的新篇章，实现全行业教育培训资源的共享，可供广大配电网技术工作者借鉴参考。

当前社会，科学技术飞速发展，本系列教材虽然经过认真的编写、校订和审核，仍然难免有疏漏和不足之处，需要不断地补充、修订和完善。欢迎使用本系列教材的读者提出宝贵意见和建议，使之更臻成熟。

中国电力教育协会

《配电网建设改造行动计划》教材建设委员会

2017 年 12 月

随着配电网建设改造行动计划（2015—2020 年），实现配电网装备水平升级。推广应用固体绝缘环网柜、选用节能型变压器、配电自动化以及智能配电台区等新设备、新技术，固体绝缘环网柜的数量逐渐增加。国家能源局、国家电网公司分别从能源发展大局及电网建设方面对固体绝缘环网柜作为新技术、新产品发展的前景给予了肯定。

固体绝缘环网柜作为环保性开关柜可适用于各种运行环境和场合（如高原、高寒、沿海、地下等），由于环保和维护工作量少，在电力系统得到了广泛应用。

固体绝缘环网柜作为新技术产品推广已有多年，随着近年来设备设计以及制造工艺的改进，固体绝缘环网柜的技术参数及可靠性显著提高。为了提高固体绝缘环网柜生产、运行和检修人员的整体水平，提升固体绝缘环网柜的运行可靠性，国网山西省电力公司和电力行业输配电技术协作网（EPTC）开关专委会固体绝缘环网柜工作组组织编写了《12kV 固体绝缘环网柜技术问答》，本书得到了国家电网有限公司、中国南方电网公司以及供电企业、科研院所、设备制造企业等单位的大力支持，编制单位包括国网山西省电力公司、国网北京市电力公司、中能国研（北京）电力科学研究院、国网福州供电公司、国网电力科学研究院、国网北京市电力公司检修分公司、国网天津市电力公司电力科学研究院、国网河北省电力有限公司电力科学研究院、国网山东省电力公司电力科学研究院、国网浙江省电力有限公司电力科学研究院、国网江西省电力有限公司电力科学研究院、国网吉林省电力有限公司电力科学研究院、云南电网有限责任公司电力科学研究院、内蒙古电力公司鄂尔多斯电业局、国网陕西省电力公司、国网上海市电力公司电力科学研究院、国网运城供电公司、深圳供电局有限公司、国网湖北省电力有限公司 19 家电力系统单位。

全书以技术问答的形式介绍了固体绝缘环网柜的内涵概念及结构特性与工艺和安装、试验、验收、运维与检修等。全书通俗易懂、实用性强，希望能成为相关专业人员的必备工具书。

《12kV 固体绝缘环网柜技术问答》共分为五章，分别为：第一章概述，第二章结构特性与工艺，第三章试验，第四章安装，第五章验收、运维与检修。全书共 224 个问答，包括固体绝缘环网柜基础理论、分类、标准方案、典型结构、关键元器件、安装、验收、运维与检修方面的问题。本书适用于发、供电企业运行及检修和技术管理人员阅读和参考，同时也适用于固体绝缘环网柜设备制造、安装调试、设计等相关专业人员使用。

书籍编写过程中得到了各网省、地方公司的大力支持，在此，对其的辛勤劳动表示深切的谢意。

由于编写人员水平有限，问题回答中存在不妥之处在所难免，敬请广大读者批评指正！

编　者

2019 年 12 月

目 录

概　　述

1. 为什么采用固体绝缘技术？

答： 目前我国面临着如何处理好保护环境与经济发展和谐共存的问题。

（1）首先，SF_6气体绝缘开关设备具有体积小、结构紧凑、不受外界环境因素的影响、适应性极强等显著优点，但是SF_6气体也是国际公认的六种温室气体之一，从环境保护的角度应当少用或不用SF_6气体。其次，《联合国气候变化公约》和《京都议定书》对温室气体排放均有明确的限制要求和减排目标，我国作为签约国，在减少温室气体排放方面也承担着义不容辞的责任和义务。因此，国内SF_6气体的使用会受到越来越多的限制，逐步减少并最终停止使用SF_6气体是国际社会的共识。SF_6气体绝缘开关设备的气体泄漏也是一个不可回避的现实问题。因此，开展无SF_6气体的环保型开关设备的研制就是顺应了这种必然的历史趋势。

（2）长期以来，对高压主回路加绝缘隔板、用绝缘材料包覆、固封及采用局部屏蔽等措施提高产品绝缘性能的复合绝缘技术得到了长足的发展。

中压开关设备在开断技术方面采用真空灭弧已得到了广泛的认同，采用固体绝缘材料包覆后的固封极柱技术和工艺生产的真空断路器也得到了大批量的应用。

外因的促使，加上成熟技术的积累、支持，采用固体绝缘技术的固体绝缘环网柜就应运而生了。

2. 什么是固体绝缘？

答：固体绝缘是用固体介质将开关设备主回路高压元件全部包覆或固封组成的绝缘结构。

3. 什么是固体绝缘环网柜？

答：固体绝缘环网柜是固体绝缘金属封闭开关设备和控制设备的简称，是指采用固体介质将开关设备主回路高压元件全部包覆或固封组成的绝缘结构，除外部连接外，全部装配完成并封闭在接地的金属外壳内的开关设备和控制设备。

4. 固体绝缘环网柜的技术参数有哪些？

答：固体绝缘环网柜的技术参数满足 DL/T 1586—2016《12kV 固体绝缘金属封闭开关设备和控制设备》的规定。具体要求见表 1-1 所示。

表 1-1 固体绝缘环网柜技术参数

共用要求		
额定电压	kV	12
额定雷电冲击电压	kV	75（相对地、相间）/85（隔离断口）
额定短时工频耐受电压	kV/min	42（相对地、相间）/48（隔离断口）
局部放电量	pC	固体绝缘组件：1.1U_r 试验电压下，≤5pC
		整柜：1.1U_r 试验电压下，≤10pC
额定频率	Hz	50
内部电弧等级（I_{AC}）	kA/s	AFLR 20kA/1s
防护等级		IP4X

续表

主母排系统		
额定电流	A	630、1250
额定短时耐受电流	kA/4s	20、25
额定峰值耐受电流	kA	50、63
负荷开关单元		
额定电流	A	630、1250
额定短时耐受电流	kA/4s	20、25
额定短路关合电流	kA	50、63
电缆充电电流的开合电流	A	31.5
负荷开关机械寿命试验	M2	5000 次
断路器单元		
额定电流	A	630、1250
额定短时耐受电流	kA/4s	20、25
额定峰值耐受电流	kA	50、63
开断时间	ms	≤60
合闸弹跳时间	ms	≤2
电缆充电电流的开合电流	A	31.5
额定容性开断电流等级		C2
断路器机械寿命试验	M2	10 000 次
额定操作顺序		O－0.3s－CO－180s－CO
断路器开断额定短路电流次数		不少于 30 次
负荷开关—熔断器组合电器单元		
额定电流	A	100、125
额定短路开断电流	kA	31.5
额定短路关合电流	kA	80

续表

隔离开关		
额定电流	A	630、1250
额定短时耐受电流	kA/4s	20、25
隔离开关机械寿命试验	M1	3000 次
接地开关		
额定短时耐受电流	kA/4s	20、25
额定短路关合电流	kA	50、63
额定短路关合电流次数	E1	2 次
隔离开关机械寿命试验	M1	3000 次

5. 国内固体绝缘环网柜发展阶段及过程是什么？

答：国内固体绝缘环网柜的发展按时间发展可划分为两个阶段。

第一阶段：2005～2010 年。该阶段是固体绝缘环网柜的起步阶段，开展产品技术研究和生产的企业不多，产品结构复杂，工艺水平不高。

第二阶段：2011～2016 年。该阶段是国内固体绝缘环网柜快速发展的时期，制造企业、产品工艺、技术水平、外部环境都发生了巨大的改变。主要特点有以下几个方面：

（1）生产企业显著增多，市场竞争加剧：由原来的 5 家增加到 40 多家，但具有自主研发能力的企业不多，大部分企业是靠技术转让或联合设计获得产品技术。

（2）产品结构、工艺彻底发生改变：第一阶段企业研制的产品根据技术发展和工艺水平的提高，产品由第一代升级到第二代或第三代，产品工艺水平和可靠性显著提高。

（3）新技术在产品中的应用增多：三工位真空隔离开关或接地开关技术、真空灭弧室真空度在线监测和温度、局部放电在线监测技术、绝缘模块表面金属化技术在产品中得以实施，并有相关产品挂网运行。

6. 固体绝缘环网柜有哪些特点？

答：固体绝缘环网柜有以下特点：

（1）分相设计：固体绝缘环网柜绝大部分产品采用分相设计，环网柜的每一相都是一个独立绝缘体，避免了相间故障，安全性、可靠性更高。

（2）安全可靠性高：固体绝缘环网柜，断路器和负荷开关均采用真空灭弧室灭弧。目前真空灭弧是最安全的一种灭弧方式，相较于充气柜采用灭弧栅灭弧、吹气式灭弧等灭弧方式更安全可靠。

（3）免维护产品：共箱式充气柜在国标中就规定了允许一定漏气率，产品会因为漏气造成绝缘强度降低。而固体绝缘环网柜是采用环氧树脂将开关设备导电元器件和开关部件制成绝缘模块，由封闭绝缘母线连接各个回路，整体实现全封闭全绝缘。绝缘模块表面涂覆导电或半导电层材料并可靠接地，安全性、可靠性高。实现了免维护或少维护。

（4）现场更换：固体绝缘环网柜产品实现了高度标准化，

断路器、负荷开关和组合电器的结构和尺寸都高度一致，这也是实现模块化必需的一环，可以在现场拼接和更换。

（5）快速分断：固体绝缘环网柜负荷开关快速分断功能，由于固体绝缘环网柜具有高标准化，断路器操动机构和负荷开关操动机构在结构上是相同的，分闸时均是通过脱扣器进行脱扣，其他产品大部分都不能实现快速分断，都要经过一段时间来储能，再分断。

（6）环境适应性强：固体绝缘环网柜全封闭全绝缘，表面涂敷导电层或半导电层，内部电场分布不受外界影响。所以固体绝缘环网柜适用于高寒地区、高原地区、高湿度地区、高盐雾地区、强风沙地区，高污秽地区等恶劣的环境区域。

（7）绿色环保：取消 SF_6 气体应用，减少对环境的影响。

7. 固体绝缘环网柜的发展趋势是什么？

答：固体绝缘环网柜的发展趋势如下：

（1）模块化、可拓展性。固体绝缘环网柜中，开断单元的固定化及回路结构的模块化，提高回路结构的拼接自由度，提高维护便利性。将有效地降低制造、维护、安装难度及降低运维成本。

（2）可回收性。高回收性浇注技术降低了固体绝缘产品的成本，也降低了对环境的破坏。

（3）表面接地。绝缘主模块外表面设接地层，形成外屏蔽。因此主回路不外露，能够有效防止主回路因盐雾、凝露、尘埃等环境因素导致的老化。

（4）经济性。采用新技术，使开关更小型化，有效地降低了运输、安全及维护成本。

（5）安全性。由于绝缘主模块外表面设置了接地的外屏蔽层，而且分相浇注，这种结构无法从接地发展到短路，则触电和火灾危险性降低，维护安全性得到提高。

8. 怎样使固体绝缘环网柜的一次设备与二次设备有机的融合？

答：固体绝缘环网柜一、二次设备融合可以提高配电一、二次设备的标准化、集成化水平，提升配电设备运行水平、运维质量与效率，满足线损管理的技术要求，服务配电网建设改造行动计划。

一、二次设备融合分两个阶段推进：第一阶段为配电设备的一、二次成套阶段，主要工作为将常规电磁式互感器与一次本体设备组合，并采用标准化航空插接头与终端设备进行测量、计量、控制信息交互，实现一、二次成套设备招标采购与检测；第二阶段为配电设备的一、二次融合阶段，结合一次设备标准化设计工作同步开展，主要工作为将一次本体设备、高精度传感器与二次终端设备融合，实现“可靠性、小型化、平台化、通用性、经济性”目标。

9. 固体绝缘环网柜如何适应配网自动化的需求？

答： 围绕终端易（免）维护、单相接地故障判断定位、低压配电网监测，开展一、二次融合，智能配变终端，配电线路故障指示器，即插即用等技术研究应用。

10. 固体绝缘环网柜有哪些分类方式？

答： 在我国配电开关行业内，固体绝缘环网柜在整个开关设备大家庭中属于一个发展很快的新成员。通过近 10 年的高速、曲折的发展，逐渐走向成熟。固体绝缘环网柜的发展从起初的模仿，到不断地摸索、探索、创新，发展出各具独立知识产权的适合我国电力市场特色的产品。各个生产厂家的市场定位、用户需求、设计理念等的各不相同，导致了固体绝缘环网柜在结构、形式等方面的千变万化、众彩纷呈。

对固体绝缘环网柜的结构和组成进行准确的分类，是非常有必要的，掌握其中的共性和个性，就掌握了固体绝缘环网柜的发展脉络，可以依据这些重要信息制定和规范固体绝缘环网柜未来的发展方向。

固体绝缘环网柜可以按照以下方式分类：

（1）按结构布置形式分类。

（2）按运行连续性分类。

11. 固体绝缘环网柜的“结构布置形式”有何不同？

答： 固体绝缘环网柜是一种组合电器，由两种及以上不同功能的元器件组合而成。其共性是主回路中开断功能的元件都是真空灭弧室，构成了开关设备中的真空断路器部分或是真空负荷开关部分。固体绝缘环网柜的差异在于主回路中隔离和接地功能的元器件在绝缘介质方面的不同。

从以上可以看出，固体绝缘环网柜的主回路模块就是由承担开断功能的真空灭弧室和由不同介质、不同形式的隔离开关或接地开关共同浇注或封装在一个表面金属化的绝缘壳体内。按结构布置形式可以分成两大类，如图 1－1 所示。

第一类：由真空负荷开关/真空断路器+空气绝缘的隔离开关/接地开关构成；

第二类：由真空负荷开关/真空断路器+真空绝缘的隔离开关/接地开关构成。

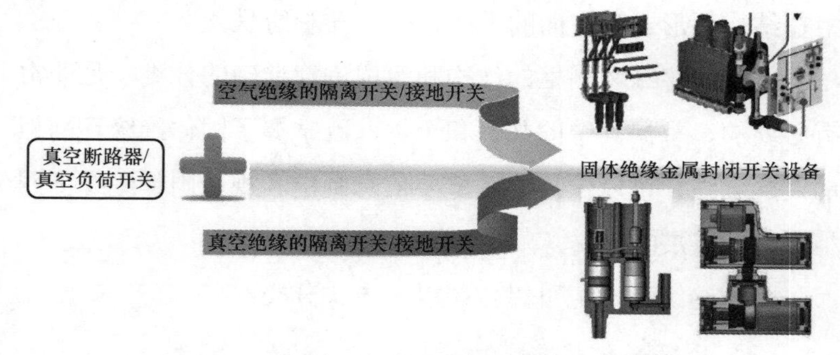

图 1－1　固体绝缘环网柜按结构布置形式分类

12. 固体绝缘环网柜是如何按照“运行连续性”来分类的？

答：金属封闭开关设备和控制设备意图提供一定的防护水平，以防止人员触及危险部件，防止固体外物进入设备。

对于开关设备和控制设备，运行连续性的丧失类别（LSC）规定了当打开功能单元的任意一个可触及隔室时，所有其他功能单元仍旧可以继续带电正常运行的范围。固体绝缘环网柜的“运行连续性”，满足国标 GB 3906《3.6～40.5kV 交流金属封闭开关设备和控制设备》中的 8.103.3 LSC2 类的规定“即在保持同一段的其他功能单元带电的同时，可以打开该功能单元中可触及高压隔室（具体可以打开的隔室类型由 LSC2、LSC2A、LSC2B 加以区分），这意味着至少一条母线可以保持带电。”即属于 LSC2 类范围，如图 1－2 所示。

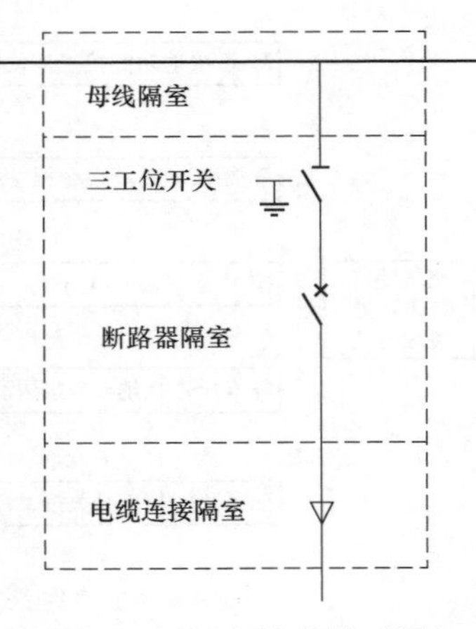

图 1－2 运行连续性示图

这意味着，当触及一个功能单元的元件时，开关设备和控制设备的其他功能单元可以继续运行。

举个例子说明，设备的主开关分闸，且合上接地开关后，即可以打开电缆室门，对电缆进行检修，但此时主母线是带电的，其他单元仍然可以继续运行。

13. 空气绝缘的隔离开关/接地开关有哪些分类方式及类别？

答：空气绝缘的隔离开关/接地开关的分类如下，如图 1－3

所示。

（1）按工作位置、状态分类。

（2）按分相或共箱分类。

（3）按上隔离结构或下隔离结构分类。

（4）按运动方式分类。

（5）按组合方式分类。

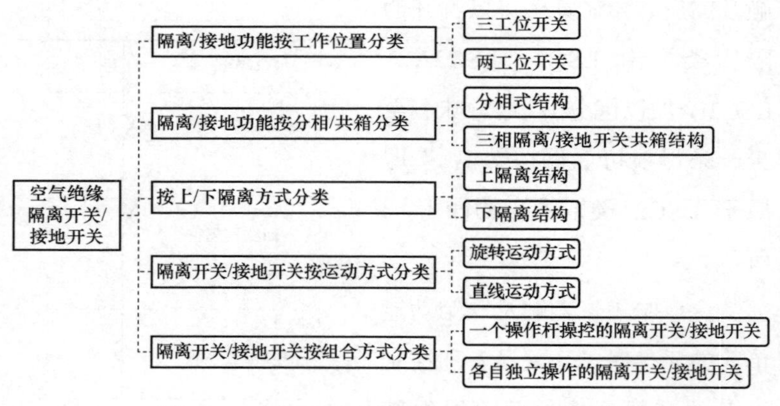

图 1－3　空气绝缘的隔离开关/接地开关分类

14. 真空绝缘的隔离开关/接地开关有哪些分类方式？

答：具有真空绝缘的隔离开关/接地开关的固体绝缘环网柜分类如下，如图 1－4 所示。

（1）按各自由单独固封的真空灭弧室分类。

（2）按三工位固封真空灭弧室分类。

（3）按双断口固封真空灭弧室分类。

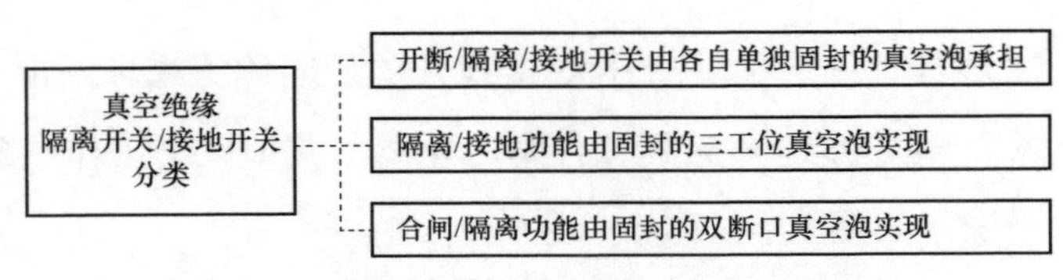

图 1－4 真空绝缘的隔离开关/接地开关分类

15. 空气绝缘的隔离开关/接地开关按不同工位分类各有哪些特点？

答：空气绝缘的隔离开关/接地开关按工作位置、状态可分为两工位隔离开关/接地开关、三工位隔离开关/接地开关。

（1）具有两工位隔离开关/接地开关的固体绝缘环网柜。两工位隔离开关/接地开关只有合闸和接地两个位置状态，没有中间的隔离位置状态，如图 1－5 所示。

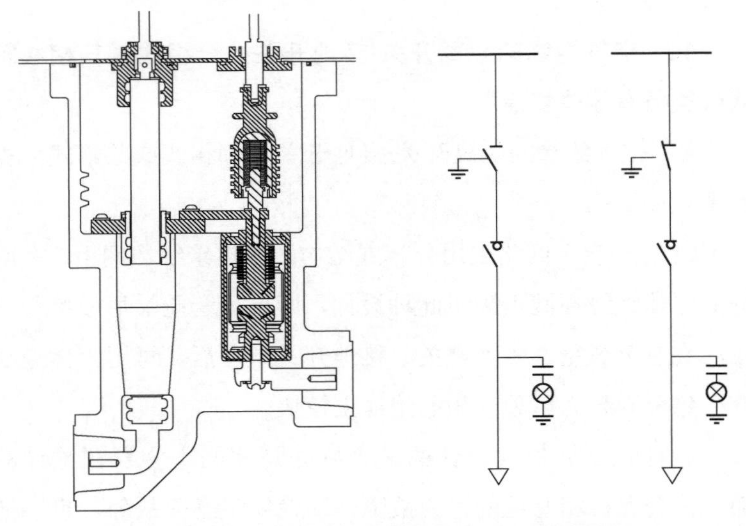

图 1－5 具有“两工位隔离开关”的固体绝缘环网柜

（2）具有三工位隔离开关/接地开关的固体绝缘环网柜。三工位隔离开关/接地开关具有合闸、隔离、接地三个工作位置，空气绝缘，如图 1－6 所示。

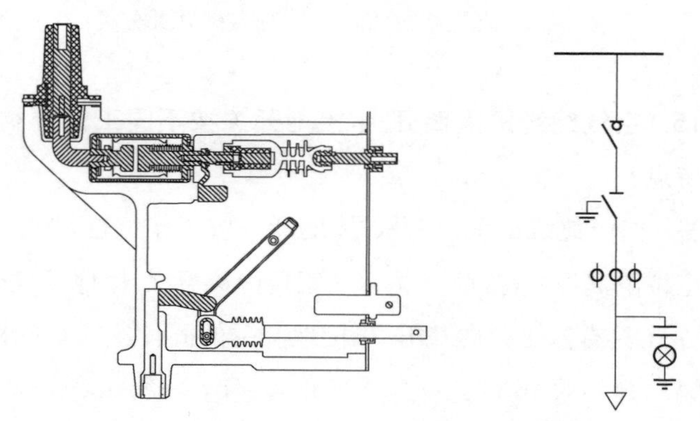

图 1－6　具有“三工位隔离开关”的固体绝缘环网柜

16. 空气绝缘的隔离开关/接地开关按分相式或三相共箱式分类各有哪些特点？

答： 空气绝缘的隔离开关/接地开关按分相式或共箱式分类的特点如下：

（1）一次主回路采用分相式结构的固体绝缘环网柜。大部分的固体绝缘环网柜采用此种设计，即把一套能够形成单一一相的真空灭弧室、隔离开关、接地开关组合后，再用固体绝缘介质包覆固封为单独一相的绝缘主模块。

这种独立分相式设计的最大好处是相间不会存在绝缘故障，只会存在相对地的绝缘故障。即使发生燃弧故障，也会把故障限制在单独一相的模块之中，有效地限制了燃弧能量，最大限度地减小了火烧连营事故发生概率。同时，也简化了安装工艺，让安装质量更加可控，如图 1－7 所示。

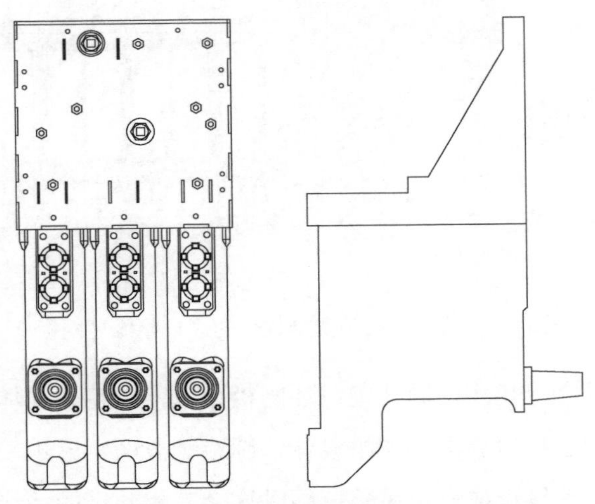

图 1－7 具有“分相式结构”的固体绝缘环网柜

（2）一次主回路隔离开关/接地开关采用共箱式结构的固体绝缘环网柜。所谓的共箱式结构，是把三相的隔离开关/接地开关安装在一个固体绝缘介质浇注的绝缘壳体内，三相之间一次带电部分由绝缘隔板隔开，操动主轴部分三相贯通，不设隔板，再把单相的固封后的真空灭弧室安装在这个绝缘壳体的相应位置上。此种结构，是由一个三相共箱的隔离开关/接地开关和三个固封的真空灭弧室安装构成的一次主回路，如图 1－8 所示。

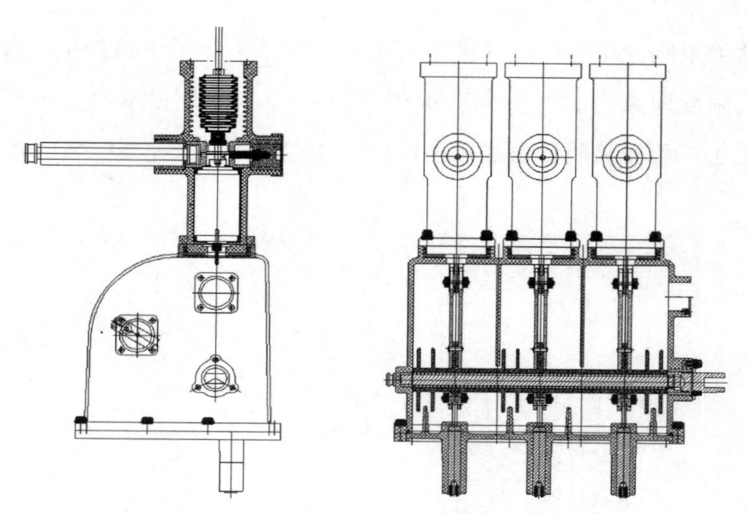

图 1－8　具有“共箱式结构”的固体绝缘环网柜

同独立分相式的固体绝缘环网柜相比，共箱式固体绝缘环网柜增加了接口界面，如果设计、制造等方面考虑不妥当，就会对相间绝缘造成一定风险；同时这个三相共箱的绝缘模块会使成型模具体积庞大，成本增加。

分相式结构及三相共箱式结构的比较见表 1－2。

表 1－2　　分相式结构及三相共箱式结构的比较

类别 项目	分相式结构	三相共箱式结构
相间绝缘	通过两层固体绝缘介质以及空气绝缘	通过空气以及隔板的形式达到绝缘要求
相间短路	不可能发生	有可能发生
绝缘可靠性	可靠	不可靠
整体结构	复杂	简单

续表

项目 \ 类别	分相式结构	三相共箱式结构
装配工艺性	复杂	简单
经济性	成本高	成本低

17. 空气绝缘的隔离开关/接地开关按上、下隔离的分类及各自特点是什么?

答: 空气绝缘的隔离开关/接地开关按上隔离或下隔离的分类及各自的特点如下:

(1)一次主回路采取上隔离结构的固体绝缘环网柜。所谓的“上隔离结构”是隔离开关/接地开关直接连接进线主母线,承担开断功能的真空灭弧室在隔离开关/接地开关的后端,这种结构就决定了开关设备必须按照严格的操作顺序进行操作。最初的固体绝缘环网柜都是采用“上隔离结构”,这种设计对隔离开关/接地开关的分、合闸速度没有特别的要求,不要求接地开关具有关合功能,因此降低了开关设备的设计难度、减小了制造和试验的风险,如图1-9所示。

“上隔离结构”的固体绝缘环网柜,隔离开关/接地开关本身不具备关合能力,做主回路关合试验和接地开关关合试验时,都是隔离开关或接地开关预先合闸,真空灭弧室再合闸,即关合过程中产生的预击穿都由真空灭弧室承担,因此,这种结构的设计,对隔离开关/接地开关操动机构的要求就低,不要求很高的分合闸速度,有效地降低了成本。

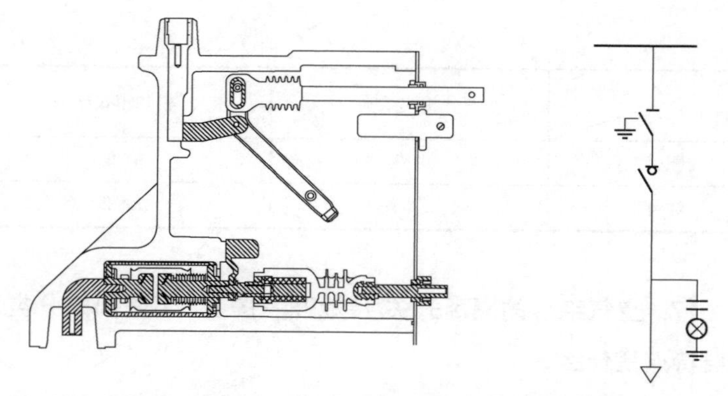

图 1－9 具有“上隔离结构”的固体绝缘环网柜

主回路合闸操作顺序是，在真空灭弧室分闸且三工位开关在隔离位置的情况下，操作三工位开关至合闸位置，即预合闸状态，再操作真空灭弧室合闸，主回路即完成合闸操作。

主回路隔离操作顺序是，先操作真空灭弧室分闸，再操作三工位开关至隔离位置，主回路即完成隔离操作。

主回路接地操作顺序是，确认真空灭弧室在分闸位置，先操作三工位开关至接地位置，即使主回路处于预接地状态，再操作真空灭弧室合闸，主回路即完成接地操作。

（2）一次主回路采取下隔离结构的固体绝缘环网柜。所谓“下隔离结构”的固体绝缘环网柜，主母线连接的是执行开断的真空灭弧室，隔离开关/接地开关在真空灭弧室的下端，连接的是电缆出线。“下隔离结构”的固体绝缘环网柜，隔离开关/接地开关都可以快速的分、合闸，即接地开关具有关合短路电流的能力，如图 1－10 所示。

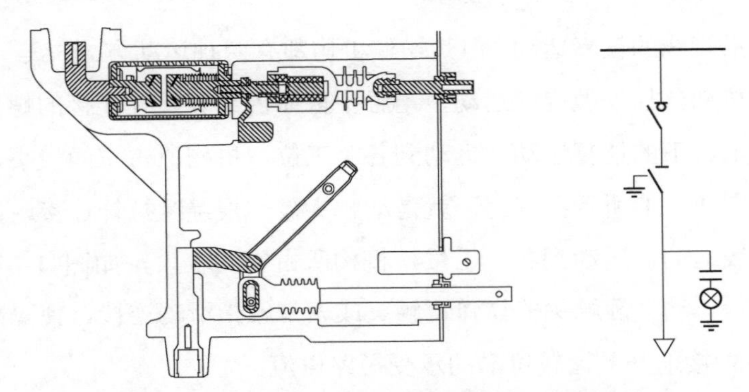

图 1－10　具有“下隔离结构”的固体绝缘环网柜

短路关合时，触头间预击穿产生电动斥力和触头电磨损，但在预击穿前，触头间仍是冷态的（有电压无电流），关合时施加在触头间的电压是 $U_r/\sqrt{3}$。合闸运动是加速运动，刚合速度总是大于平均速度，预击穿持续的时间是非常短暂的。

主回路的合闸、隔离操作顺序与上隔离结构相同。

主回路接地操作顺序是，确认真空灭弧室在分闸位置，三工位开关在隔离位置，操作三工位开关至接地位置，即完成主回路接地操作。

18. 空气绝缘的隔离开关/接地开关按不同运动方式分类各有哪些特点？

答：空气绝缘的隔离开关/接地开关按照不同运动方式分为直线运动方式和旋转运动方式。

（1）直线运动方式的隔离开关/接地开关。采取“直线运动方式”的隔离开关/接地开关，虽然隔离开关/接地开关只有一种沿直线的往复运动，但其操作机构却有两种运动方式：其一，是传动丝杠仅做旋转运动，动触头依靠内部和丝杠连接的螺母做上、下的往复运动，运动到各个工位，机构所占空间较小，如图 1－11 所示；其二，就是动触头被一根绝缘拉杆连接，做直线运动，运动到各个工位，机构所占空间较大，如图 1－12 所示。动、静触头依靠弹簧触头或表带触指滑动连接，使隔离开关/接地开关比较可靠的承受短路电流。

隔离开关/接地开关采取“直线运动方式”是固体绝缘环网柜最早出现的一种设计方案，具有操作简单、可靠、易于制造等优点。

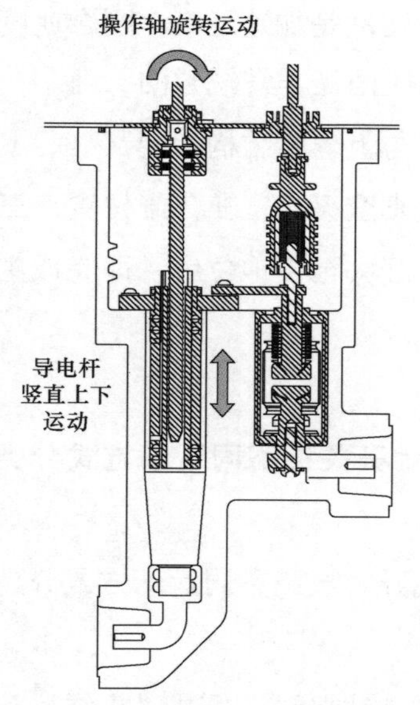

图 1－11　具有“旋转直线运动”的隔离开关/接地开关

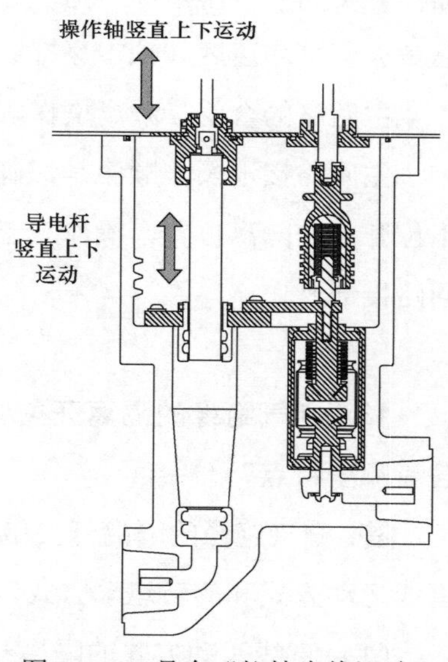

图 1－12　具有“拉拽直线运动”的隔离开关/接地开关

（2）旋转运动方式的隔离开关/接地开关。固体绝缘环网柜的隔离开关/接地开关采用“旋转运动方式”来实现分合闸操作时，需要给闸刀转动提供足够的空间，同时能够保证各断口具有足够的绝缘强度，如图1－13所示。

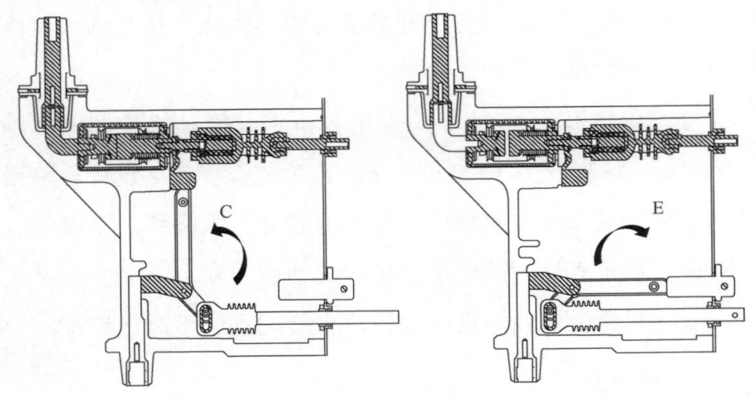

图1－13 具有“旋转运动方式”的隔离开关/接地开关

采取此种设计的固体绝缘环网柜，其绝缘主模块的尺寸是比较大的，装配精度、弹簧材料要求都较高，做动热稳定试验和关合试验的风险比“直线运动”的隔离开关/接地开关要大，导致成本上升。

19. 空气绝缘的隔离开关/接地开关按不同组合方式分类各有哪些特点？

答：空气绝缘的隔离开关/接地开关按照不同组合方式分为一个公共操作杆操控的隔离开关/接地开关（采用一个机构操作）和各自独立操作的隔离开关/接地开关（采用两个机构操作）。

（1）隔离开关/接地开关采用一个公共操动机构操控的固体绝缘环网柜。隔离开关/接地开关组合在一起形成三工位开关，不论三工位开关是直线运动的，还是旋转运动的，都是由一套机构通过一个绝缘连杆连接静触头完成到各个工位的操作，简化了操作，也有利于开关设备的小型化。这在固体绝缘环网柜中是常见的设计。

（2）隔离开关/接地开关采用各自独立操动机构的固体绝缘环网柜。隔离开关/接地开关是各自独立操作的，设计思路更贴近于空气绝缘固定式户内开关柜的设计，上隔离、下接地、中间是开断元器件，贴近电力用户的使用习惯。

隔离开关由单独的机构操作，直接同进线主母线连接，上隔离结构。

接地开关具有关合能力，因此其独立的操动机构具有很高的分闸速度。

缺点是一次主模块体积大、成本高，具有三套独立的操动机构，增加了装配难度。

20. 用真空灭弧室做隔离开关/接地开关的固体绝缘环网柜有哪些特点？

答：（1）执行开断、隔离、接地功能都由单独的真空灭弧室承担，然后分别或组合再由固体绝缘介质包覆或固封，把这些固封模块组装到一起，构成一次主回路，如图 1－14 所示。此种环网柜的载流、开断性能、接地关合性能都非常的优异。

但造价比较高。

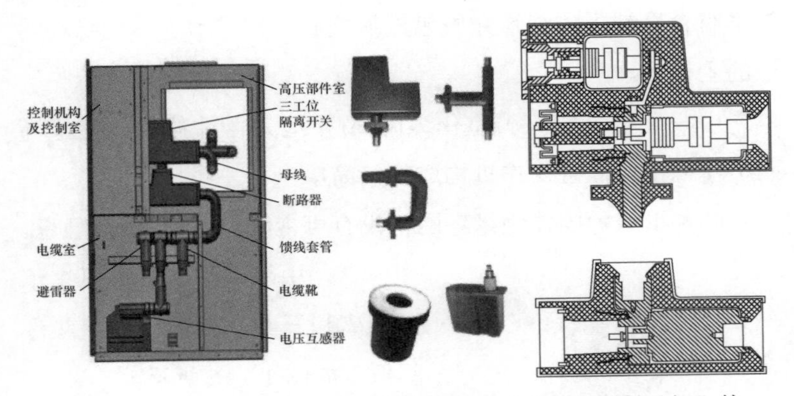

图 1-14 真空绝缘的隔离开关/接地开关“由各自固封承担”的固体绝缘环网柜

（2）隔离开关/接地开关由固封的三工位真空灭弧室构成，如图 1-15 所示，即真空灭弧室具有合闸、隔离、接地三个工作位置。

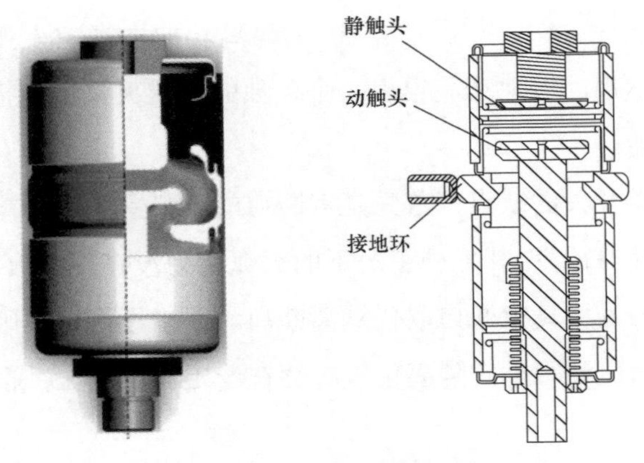

图 1-15 具有“三工位”的真空灭弧室

执行开断的真空灭弧室和执行隔离/接地的三工位真空灭弧室组合后被固体绝缘介质包覆封装后，构成了固体绝缘环网柜的主模块。

由三工位真空灭弧室作为隔离/接地元器件的固体绝缘环网柜体积小，而且操作机构成熟、简单。

此种形式的固体绝缘环网柜没有可视断口，存在安全隐患。

（3）由双断口真空灭弧室承担隔离和开断功能的固体绝缘环网柜，如图 1－16 所示。

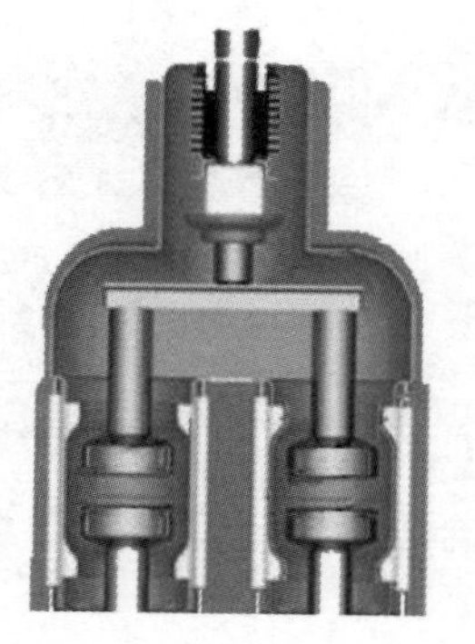

图 1－16　双断口真空灭弧室及其绝缘主模块

双断口的真空灭弧室有分压作用，动、静触头距离一定的情况下，比单断口的灭弧室在各种工况下的绝缘性能有显著提升，并且开断能力也有部分的提升。

隔离功能由真空灭弧室的隔离断口承担。接地功能也由一个单独的真空灭弧室承担，具有关合功能。

此类开关的缺点：首先是双断口的灭弧室制造困难，国内的运行经验很少，其各种工况下的灭弧能力没有相关数据积累；其次是因为用真空断口取代隔离断口，断口不可见；因真空灭弧室内断口开距小，隔离位置时存在一定感应电压；再次是价格高昂。

结构特性与工艺

第一节 典型设计方案

21. 什么是固体绝缘环网柜核心开关模块？

答： 固体绝缘环网柜核心开关模块指由操动系统、传动系统、绝缘系统、主开关及隔离开关/接地开关组成，且能完成环网柜所有动作状态的最基本结构的总称。

22. 固体绝缘环网柜核心开关模块的内部结构是怎样的？

答： 整个核心开关模块整体采用全密封结构，传动箱和绝缘模块紧固在一起，封板总成和传动箱紧固在一起，它们之间都设有密封结构并放置了密封圈，可防止潮气、灰尘等进入断路器开关模块内部，防护等级达到 IP67。核心开关模块整体结构示意如图 2－1 所示。

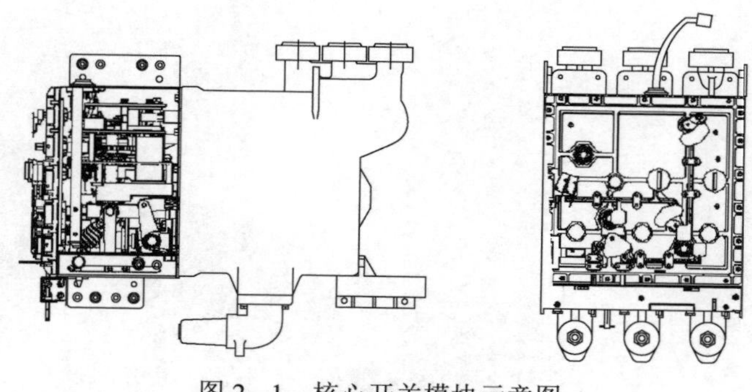

图 2－1　核心开关模块示意图

23. 什么是固体绝缘模块？

答：固体绝缘模块指把所有开关设备主回路高压元器件装配在绝缘箱内的总体结构。

24. 什么是绝缘箱？

答：绝缘箱是用固体介质将开关设备部分高压元器件包覆或固封形成的部件。

25. 固体绝缘环网柜及核心开关模块的IP防护等级？

答：固体绝缘环网柜在柜门关闭时防护等级应不低于GB 4208—2008中IP4X，隔室间防护等级为IP2X，核心开关模块的防护等级为IP67，操动机构的防护等级为IP65。

26. IP防护等级的定义？

答：IP防护等级是按照GB 4208—2008的检验方法，外壳对接近危险部件、防止固体异物进入或水进入所提供的保护程度。防护等级使用IP代码来表明提供的防护程度。防护等级一般是由两个特征数字所组成，第一位特征数字表示防止危险部件和防止固体异物进入的防护等级，第二位特征数字表示防止水进入的防护等级，数字越大表示其防护等级越高。

IP代码各要素的简要说明见表2－1。

表 2－1　　　　IP 代码的各要素简要说明及含义

组成	数字或字母	对设备防护的含义
代码字母	IP	
第一位特征数字		防止固体异物进入
	0	无防护
	1	≥直径 50mm
	2	≥直径 12.5mm
	3	≥直径 2.5mm
	4	≥直径 1.0mm
	5	防尘
	6	尘密
第二位特征数字		防止进水造成有害影响
	0	无防护
	1	垂直滴水
	2	15°滴水
	3	淋水
	4	溅水
	5	喷水
	6	猛烈喷水
	7	短时间浸水
	8	连续浸水

例如：外壳防护等级 IP4X，隔室间防护等级 IP2X。

IP4X：开关设备外壳能阻挡直径不小于 1.0mm 金属丝或厚度不小于 1.0mm 窄条物体进入柜体；

IP2X：开关设备隔室间能阻挡手指或不小于 12.5mm 物体进入。

第一位和第二位特征数字不要求规定时，该处由字母“X”代替，例如：IP4X、IPXX；附加字母和补充字母不要求规定时可以直接省略。

开关设备的防护等级按 GB 4208—2008 标准。

固体绝缘环网柜开关箱的一次高压部分的防护等级应达到 IP67，即能达到“尘封”和“短时间浸水”的要求；操动机构防护等级应达到 IP65，即能达到“尘封”和“喷水”的要求；开关柜整柜柜门关闭时的防护等级应达到 IP4X，防止直径不小于 1.0mm 的异物进入；开关柜整柜柜门打开时的防护等级应达到 IP2X，防止直径不小于 12.5mm 的异物进入。

27. 固体绝缘环网柜的环境适应性如何？

答：固体绝缘环网柜核心开关模块的防护等级为 IP67，里面装配的零部件不受外界恶劣环境的影响，产品防腐性能大大提高。封板总成上装配的机构输出转接轴以及封板自身带有的嵌件都采用 304 不锈钢材料，极大的提升环网柜开关模块的防腐性能。不会因为潮湿、污秽、风沙等恶劣环境的影响造成产品发生拒动、动作失效等故障。

28. 固体绝缘环网柜有哪些典型设计方案？

答：12kV 固体绝缘环网柜采用电缆连接的进出线方式，按照使用类型划分，其典型方案共计 7 大类：

（1）断路器单元方案。

（2）负荷开关单元方案。

（3）负荷开关—熔断器组合电器单元方案。

（4）电压互感器单元方案。

1）单相电压互感器单元方案；

2）三相电压互感器单元方案。

（5）计量单元方案。

（6）母线联络单元方案。

（7）自动化单元。

29. 什么是断路器单元？

答： 断路器起到的作用是能够关合、承载和开断正常条件下的电流，并能关合、在规定时间承载和开断异常条件（如短路）下的电流的机械开关装置。

30. 什么是负荷开关单元？

答： 负荷开关单元是能够在正常条件（也可包括规定的过载条件）下关合、承载和开断电流以及在规定的异常条件（如短路）下，在规定的时间内承载电流的开关装置。

31. 什么是负荷开关—熔断器组合电器单元？

答： 负荷开关—熔断器组合电器单元，它包括一组三级负荷开关及三个带撞击器的熔断器，任何一个撞击器动作，应使负荷开关三极全部自动分闸。

32. 什么是电压互感器单元？

答： 电压互感器单元主要由电压互感器组成，包括单相或

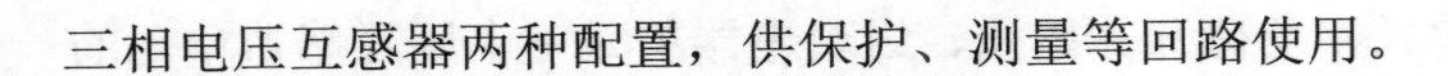

三相电压互感器两种配置，供保护、测量等回路使用。

33. 什么是计量单元？

答： 计量单元主要用来作电能计量用，内部包括电流互感器、电压互感器、熔断器、电能表、采集终端以及一些其他的辅助二次设备。

34. 什么是母线联络单元？

答： 母线联络单元的功能是连接两段母线，以保证供电的可靠性和运行方式调整的需要。

35. 什么是自动化单元？

答： 自动化单元（DTU），完成对开关设备的位置信号、电压、电流、有功功率、无功功率、功率因数、电能量等数据的采集，对开关进行远方控制，实现对馈线的故障识别、隔离和对非故障区域的恢复供电。部分 DTU 还具备保护和备用电源自动投入的功能。

第二节 典 型 结 构

36. 固体绝缘环网单元典型方案的结构尺寸是多少？

答： 固体绝缘环网柜各种方案的柜体高度（含仪表室、顶扩母线）统一为 1700mm；深度统一为 900mm（含柜门）；断路器单元、负荷开关单元、组合电器单元、电压互感器单元的宽度为 420mm；一次电缆进出线高度不小于 650mm。

37. 固体绝缘环网柜共分几个隔室？

答： 按照标准 GB 3906 中 5.103 条款，固体绝缘环网柜可分为母线隔室、开关隔室、电缆隔室和控制隔室，如图 2-2 所示。

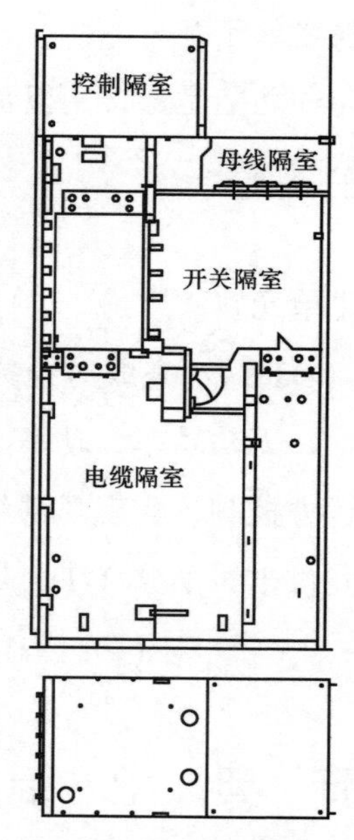

图 2-2　固体绝缘环网柜隔室分布示意图

38. 什么是母线隔室？

答： 母线隔室是由母线及母线套管等组成的单独隔室，被金属封闭，母线连接各个单元，汇聚及分配电流，且母线被绝缘材料包敷，外表面涂覆用作接地的导电层或半导电层。

39. 什么是开关隔室？

答：开关隔室是断路器模块或负荷开关模块所在的一个单独的被金属封闭的隔室。

40. 什么是电缆隔室？

答：电缆隔室是由电缆套管、电缆及相应附件组成，被金属封闭，根据功能需求可以安装相应的电流互感器及避雷器等元器件。

41. 什么是控制隔室？

答：控制隔室是安装继电保护（装置）元件、仪表、控制电路等二次元件以及特殊要求的二次设备。

42. 什么是压力释放通道？

答：压力释放通道是发生内部故障时，引导气流通过特定的通道排放，防止高温、高压气体和灼热粒子对人身造成伤害，扩大事故范围。

43. 负荷开关—熔断器组合电器单元的构成及作用是什么？

答：组合电器单元是由负荷开关模块和高压限流熔断器组

成，负荷开关进行主回路控制，熔断器完成保护以及故障隔离，同时在熔断器的上、下端各设置一个接地开关，更换熔断器时，熔断器两端的接地开关都需要接地。

组合电器单元用于控制、开断、隔离配电变压器及其配送回路，熔断器及负荷开关配合对变压器进行短路故障保护。通常用于 800kVA 及以下的变压器保护。

44. 组合电器单元保护跳闸实现方式是什么？

答：组合电器柜使用的熔断器为限流熔断器，熔体装在内充石英砂的陶瓷管内，两端套有金属帽，其中一端带有弹簧式或炸药式撞针，当内部熔体熔断后，撞针自动弹出，带动撞针机构运动，通过连杆机构传递到负荷开关操动机构的脱扣跳闸装置上，使得负荷开关快速分闸，从而保护变压器。

45. 组合电器单元和断路器单元相比，在保护方面的优缺点是什么？

答：组合电器单元和断路器单元优缺点比较如表 2-2 所示。

表 2-2　组合电器单元和断路器单元在保护方面的对比

类别 / 项目	组合电器柜	断路器柜
短路故障切除时间	≤10ms	＞20ms
开断能力	31.5～50kA	20～25kA
限制短路电流大小	具有	无

续表

项目＼类别	组合电器柜	断路器柜
频繁使用性	必须更换熔断器	重复使用
保护变压器容量	800kVA 及以下	满足使用
保护功能	单一	多样化

46. 什么是组合电器的转移电流？组合电器转移电流是如何确定的？

答：组合电器的转移电流是指熔断器和负荷开关转换开断职能时的三相对称电流值。

大于该值，三相电流仅由熔断器开断。稍小于该值，首先开断极中的电流由熔断器开断，然后两相电流由负荷开关或熔断器开断，这取决于熔断器的时间—电流特性的偏差以及熔断器触发的负荷开关的分闸时间。

转移电流可根据熔断器的时间—电流特性图标求取，即根据负荷开关开断时间（熔断器撞击器弹出撞击到负荷开关脱扣器挡板上起到负荷开关三相触头全部打开为止的时间，一般取0.05s）乘以 0.9，在时间纵轴上取一点，以该点作平行线与电流特性曲线相交，再以相交点作垂线与电流横坐标相交，该点即为限流熔断器的转移电流。

47. 组合电器柜的熔断器该如何选择？

答：在负荷开关—熔断器组合电器中，负荷开关负责负荷电流或转移电流的开断，熔断器承担过载电流及短路电流的开断，两种电器的开断能力相互配合，才能顺利完成开断任务，因此限流熔断器的选配至关重要。

选用的限流熔断器应具备分断能力高、最小开断电流小、运行温度低、时间—电流特性曲线陡峭、特性曲线误差小等特性。同时应满足耐老化、安装形式多样、外形尺寸合适等要求。而且应注意在环境温度 40℃时，熔断器的功率损失不得超过 75W。

选用熔断器时，熔断器的额定电流要与变压器的容量相匹配，一般为保护对象的 1.3～1.5 倍。

在 10kV 系统中，相对不同容量的变压器，熔断器的额定电流一般可按表 2－3 进行选择。

表 2－3　　变压器容量对应的熔断器额定电流

10kV 额定变压器容量（kVA）	100	160	250	315	500	630	800
熔断器额定电流（A）	10	20	25	31.5	50	63	80

48. 固体绝缘环网柜断路器及负荷开关的灭弧方式是什么？

答：固体绝缘环网柜用真空灭弧室灭弧。真空灭弧室内用真空作为绝缘介质，配合动静触头的特殊形状设计，产生磁场，迫使电弧按照磁场力方向分散或不能聚集于一处，从而使电弧能量迅速降低，使电弧熄灭。

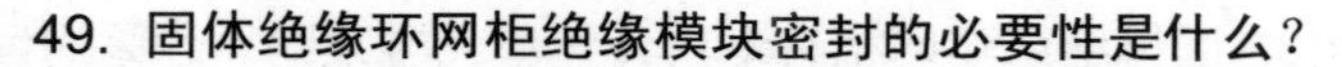

49. 固体绝缘环网柜绝缘模块密封的必要性是什么？

答：（1）防止潮气的进入，避免形成凝露，影响绝缘模块内部的绝缘性能。

（2）防止污秽进入，破坏绝缘模块内的绝缘性能。

50. 开关模块采用什么密封方式？

答：开关模块采用O形密封圈密封，绝缘箱和机构传动箱之间、封板与机构传动箱之间以及出线套管和绝缘箱之间采用端面静密封，各个引出的传动轴采用轴向动密封，O形密封圈的压缩量按照密封标准设计。

51. 典型结构的固体绝缘环网柜中的主开关是固定式还是移出式？

答：固体绝缘环网柜的典型结构目前大部分为固定式，采用模块化、单元式结构。

52. 固体绝缘环网柜可维护的部位有哪些？

答：固体绝缘环网柜可维护的部位一般为电缆隔室和二次控制室，其他区域均为免维护。维护电缆隔室时需要出线侧接地，开关设备配备了接地开关和电缆舱门的联锁，只有接地开关合闸，电缆室门才能打开，进行电缆室维护。

53. 固体绝缘环网柜有专用计量单元方案吗？也采用固体绝缘吗？

答：固体绝缘环网柜有专用计量单元方案，分为空气绝缘和全固体绝缘两种方式。

空气绝缘的计量单元方案，柜体宽度是两个固体环网柜标准单元的宽度，柜内的分支母线是空气绝缘的，可以连接普通的电流互感器和电压互感器。

全绝缘环网柜的计量单元方案，柜体的宽度和标准的负荷开关柜体相同，所有的元器件均为全固体绝缘形式，电流互感器和电压互感器也是采用专门为固体绝缘环网柜开发的全绝缘结构。

54. 什么是全绝缘计量单元？

答：全绝缘计量单元是指采用全绝缘的电流互感器和电压互感器，采用全绝缘母线连接的开关单元。

55. 什么是空气绝缘计量单元？

答：空气绝缘计量单元采用开放连接方式的电流互感器和电压互感器，连接采用铜排，导电部分为空气绝缘，容易受外界环境的影响。

56. 全绝缘计量柜和空气绝缘计量柜优缺点各是什么？

答：全绝缘计量柜更能体现固体绝缘开关设备环境适应性

强，安全可靠性高以及免维护的特点，它的绝缘可靠性更高，使用更安全。缺点是在进行检验、检测以及更换时需要把密封连接件拆掉，复杂一些，成本相对高。

空气绝缘计量柜的优点是方便检测、校验以及更换，计量电流互感器、电压互感器已有标准产品。缺点是受环境因素的影响较大，在高污秽、高潮湿环境以及长时间运行情况下，绝缘可靠性差。

57. 电缆进出线方式有哪些？

答：通常，固体绝缘设备的进出线电缆采用下进下出方式，如图 2－3 所示；特殊情况下，可根据要求定制上进上出方式，如图 2－4 所示，但设备的尺寸会有所增加。

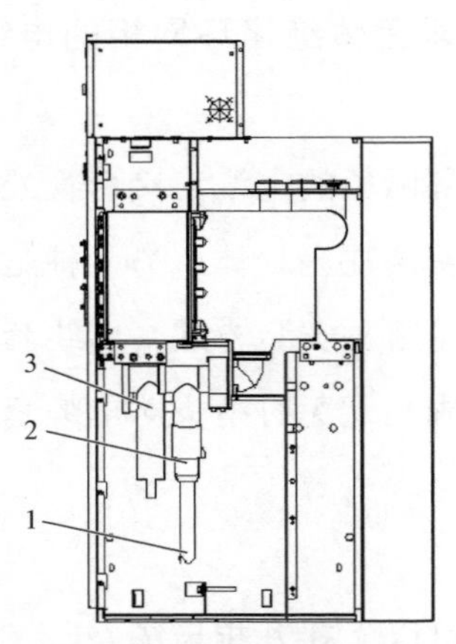

图 2－3　固体绝缘环网柜下进下出方案示意图

1—进出线电缆；2—电缆终端；3—避雷器

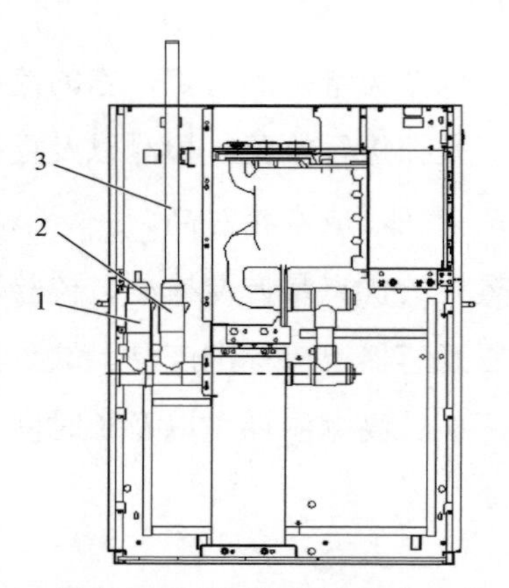

图 2-4　固体绝缘环网柜上进上出方案示意图

1—避雷器；2—电缆终端；3—进出线电缆

第三节　关键元器件

58. 为什么要求固体绝缘环网柜的电缆抱箍一定要固定牢固？

答：固体绝缘环网柜的电缆连接套管处有两种设计方案，一种是套管和绝缘箱浇注为一体，另一种是绝缘箱和套管通过金属隔板安装。不论哪种安装方式，出线套管都应不受力，电缆抱箍必须固定牢固，避免肘型头对电缆套管受力造成接触不良而发生故障。

59. 出线套管可以 T 接几根电缆？

答：正常情况下，每只套管上可以连接两根电缆或一根电

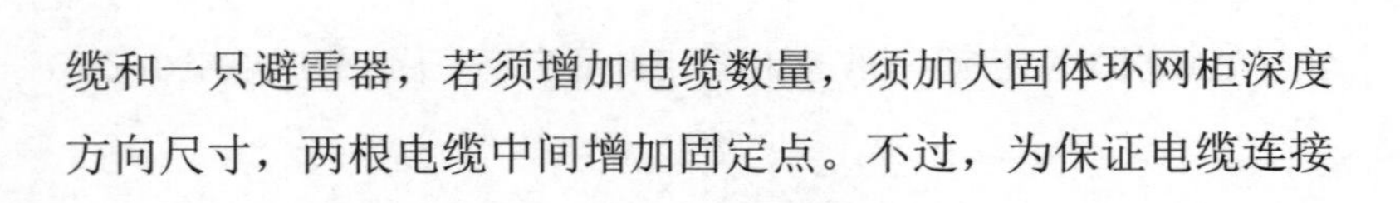

缆和一只避雷器，若须增加电缆数量，须加大固体环网柜深度方向尺寸，两根电缆中间增加固定点。不过，为保证电缆连接的可靠性，不建议每个套管上安装三根电缆。

60．如何判别电缆进出线带电？

答：电缆安装套管内浇注容性电压传感器，通过此传感器与带电显示器的配合，实现带电显示。

61．什么是带电显示器装置？

答：带电显示器是一种直接安装在电气设备上，直观显示出电气设备是否带电的提示性安全装置。当设备带电时，该显示器发出闪光，无电时则无指示。带电显示器分为普通型带电显示器和闭锁型带电显示器两种，如图 2－5 所示。

图 2－5　带电显示器

62．怎样选择闭锁型带电显示器及电磁锁？

答：为防止误入带电间隔，一般在进线回路、环网回路以及直通或计量等回路中，须选择闭锁型带电显示器，并且要安装配套的电磁锁闭锁电缆室门，防止带电开启电缆室门，酿成触电事故。

63. 固体绝缘环网柜如何实现接地闭锁？

答：（1）进出线回路，按设计要求配备接地开关，这种进线回路一般需要安装接地闭锁装置，该装置在检测到进线电缆带电的情况下会闭锁接地开关，防止带电关合接地开关。

（2）由于机构的联锁作用，固体绝缘环网柜不合接地开关就无法开启电缆室门，也就避免误入带电间隔。

64. 固体绝缘环网柜分相结构和共箱结构的相间绝缘特点是什么？

答：固体绝缘相间绝缘采用分相结构和共箱结构两种：

（1）采用分相式结构的，形成三个相互独立的绝缘模块，每一相的隔离开关、断路器/负荷开关、接地开关都固封及密封在各自的绝缘模块内，绝缘模块外部涂覆有金属接地层，故单相式结构的固体绝缘环网柜在原理上是不存在相间绝缘问题的。

（2）采用共箱式结构的，一般三相的隔离开关/接地开关都被密封在一个固体绝缘箱体内，三相的导体仅是部分的被复合绝缘措施隔开，且绝缘介质为空气，相对于分相式结构的相间绝缘原理上存在相间击穿的风险。

65. 固体绝缘环网柜五防闭锁的功能有哪些？

答：环网柜的五防及闭锁装置除满足 DL/T 1586—2016 中

6.1.2 条例相关规定外，还需达到以下要求：

（1）固体绝缘开关设备具有可靠的“五防”功能：防止误分、误合断路器；防止带负荷分、合隔离开关（插头）；防止带电合接地开关；防止带接地开关送电；防止误入带电间隔。

（2）进、出线柜应装有能反应进出线侧有无电压，并具有联锁信号输出功能的带电显示装置。当进出线侧带电时，应有闭锁操作接地开关及电缆室门的装置。

（3）电缆室门与接地开关具备可靠的机械闭锁，只有出线侧接地时，才可以打开电缆室门；反之，只有电缆室门关闭后，才能操作接地开关。

（4）接地开关和隔离开关之间装置闭锁，隔离开关在合闸位置时，接地开关不能操作；反之，接地开关在合闸时，隔离开关不能操作。

（5）如果回路接地是通过与接地开关串联的主开关装置（断路器、负荷开关）接地，则接地开关还应与主开关设置电气及机械闭锁。

（6）主开关、隔离开关以及接地开关操作孔处设置五防挂锁装置，增加人为操作程序，提高可靠性。

66. 固体绝缘环网柜如何防止误操作？

答：（1）固体绝缘环网柜具有完善的五防闭锁结构设置，且五防闭锁符合标准 DL/T 1586—2016、DL/T 538、DL/T 593 中的相关规定。

（2）在操作面板上具有详细的开关操作说明，每个状态能操作哪一步都有明确的规定。

（3）主开关、隔离开关以及接地开关操作孔处设置五防挂锁装置，增加人为操作程序，提高可靠性。

67. 固体绝缘环网柜如何防止带负荷分、合隔离开关？

答：在电气和机械两方面都有强制性的闭锁，在主开关合闸状态，隔离开关无法操作。

68. 固体绝缘环网柜如何防止误入带电间隔？

答：固体绝缘环网柜柜门关闭时防护等级不低于 IP4X。固体绝缘环网柜是免维护产品，母线室、开关室是全封闭结构，手工无法打开；二次控制室打开前面板，仍然与一次带电体隔离。

69. 什么是假断口？

答：用真空灭弧室作为隔离断口，俗称“假断口”。

70. 什么是复合绝缘的隔离断口？

答：在开关设备中，某些隔离开关的动、静触头安装在同一绝缘件上，由固体和空气共同承担绝缘，此称为复合绝缘（固体绝缘+空气）的隔离断口。

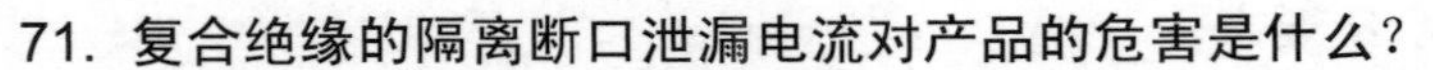

71. 复合绝缘的隔离断口泄漏电流对产品的危害是什么？

答：在电场作用下，绝缘材料内部及表面一般都会有微小泄漏电流产生。一旦电场比较集中或有环境影响，会使泄漏电流增大到一定程度，介质损耗增大，以致绝缘被破坏，直至断口产生热击穿。

72. 影响泄漏电流大小的因素有哪些？

答：（1）电压：当电压越高，产生的泄漏电流越大。

（2）频率：频率越高，穿透能力就越强，泄漏电流也越大。

（3）湿度：湿度大水分子多，在空气中它们携带离子的能力强，导电能力增强，会使泄漏电流增大。

（4）材质：绝缘材料的绝缘性能影响。

（5）电场分布情况：电场分布越均匀，泄漏电流越小。

（6）尖角毛刺：有毛刺的位置，容易产生电荷集中、电场集中，影响泄漏电流的大小。

（7）绝缘材料表面影响：污秽越严重，沿面泄漏电流越大。

73. 复合绝缘的隔离断口对固体绝缘环网柜是否有影响？

答：没有影响，固体绝缘材料内部和沿面上是会产生泄漏电流，会危害断口绝缘的可靠性。但固体绝缘环网柜传动部分以及带电部分都封闭在绝缘箱和机构传动箱内，不受污秽、湿度等恶劣环境影响。固体绝缘环网柜内部电场设计是较均匀的，绝缘模块的外表面喷涂导电层或半导电层，局部放电量可满足标准要求。

74. 固体绝缘环网柜如何均匀内部电场？

答：固体绝缘环网柜中，绝缘模块是一个整合主开关、隔离开关及接地开关为一体的集合体。其中隔离开关基本都会选择旋转式刀闸结构，这种结构比较简单，但电场分布比较复杂，为了均匀内部电场，应注意以下方面：

（1）在固体绝缘箱材料内部合理增加高压屏蔽网或接地屏蔽网，使电场均匀化，降低产品局部放电量。

（2）整体绝缘结构的设计优化及内部导体形状的优化设计。

（3）固体绝缘表面结构比较复杂时，在固体绝缘箱局部合理增加高压屏蔽网或接地屏蔽网，使电场均匀化。

75. 什么是局部放电？

答：局部放电指导体间仅被部分桥接的电气放电。这种放电可以在导体附近发生也可以不在导体附近发生。

局部放电一般是由于绝缘体内部或绝缘表面局部电场特别集中而引起的。通常这种放电表现为持续时间小于 1μs 的脉冲。

“电晕”是局部放电的一种形式，它常发生在电场发生突变的介质交界处。

局部放电通常伴随着声、光、热和化学反应等现象。

76. 固体绝缘环网柜绝缘件表面未进行金属化接地处理对局部放电的影响有哪些？

答：绝缘件表面未进行金属化接地处理，即便绝缘件内部存在缺陷，但假如这种缺陷离高电位点较远，其局部放电可能很严重时，但测量值有可能很小，不能充分检测出绝缘件的内部缺陷。在产品运行过程中，由于受到水汽、粉尘、污秽等环境因素影响，绝缘件表面无金属化接地处理的固体绝缘环网柜极易发生局部放电，且在交接试验时不容易发现。

77. 如何降低固体绝缘环网柜局部放电量？

答：主要做到以下四点：

（1）设计初期采用有限元分析进行前期优化设计，均匀内部电场分布。

（2）结构优化，消除容易产生尖角毛刺的结构，都做平滑过渡。

（3）模具设计初期要考虑设计合理性，充分解决掉模具的排气和脱模受力问题。

（4）试制过程中要严控浇注工艺。

78. 为什么固体绝缘环网柜要进行局部放电测量？

答：（1）局部放电是设备绝缘劣化及绝缘故障产生的重要原因。

（2）可以发现设备结构和制造工艺的缺陷，例如，绝缘内部局部电场强度过高；金属部件有尖角；绝缘材料混入杂质或局部带有缺陷的产品，接地部件之间、导电体之间电气连接不良等。

（3）局部放电是造成高压电气设备最终发生绝缘老化的主要原因。

（4）局部放电测量作为出厂试验项目，以检测材料和制造可能出现的缺陷。

79. 局部放电对固体绝缘材料的危害有哪些？

答：（1）带电质点的轰击：打断绝缘体化学键，产生裂解，破坏绝缘体分子结构。

（2）热效应：放电点上介质发热产生高温促进裂解，加速老化。

（3）活性生成物：臭氧、水分、硝酸、草酸，腐蚀绝缘体，促进老化。

（4）辐射效应：产生可见光、紫外线、X 射线等，使材料脆化。

（5）机械力效应：连续爆破性放电、产生高压力气体，促使绝缘体开裂。

80. 局部放电测试方法及原理有哪些？

答：局部放电对固体绝缘材料造成加速老化、脆化以及开裂等危害，使固体绝缘环网柜在运行过程中绝缘失效，会产生短路、对地击穿等故障。因此局部放电测试是非常有必要的。

局部放电测试可分为电测法和非电测法两大类，电测法包括脉冲电流法、无线电干扰法、暂态地电压法，特高频检测法、介质损耗分析法等；非电测法包括声测法、光测法、化学检测法和红外热测法等。详见附录A。

81. 屏蔽网对绝缘性能的影响有哪些？

答：合理增加屏蔽网，使固体绝缘箱内外的电场均匀，使电晕产生的起始电压升高，为整柜绝缘的可靠性提供了有力保证，如图2－6和图2－7所示。

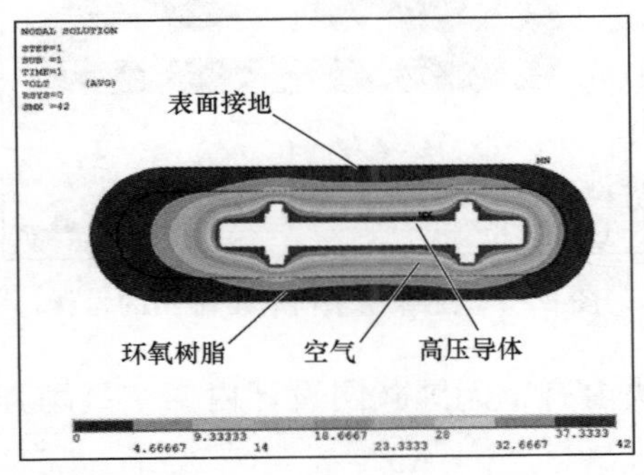

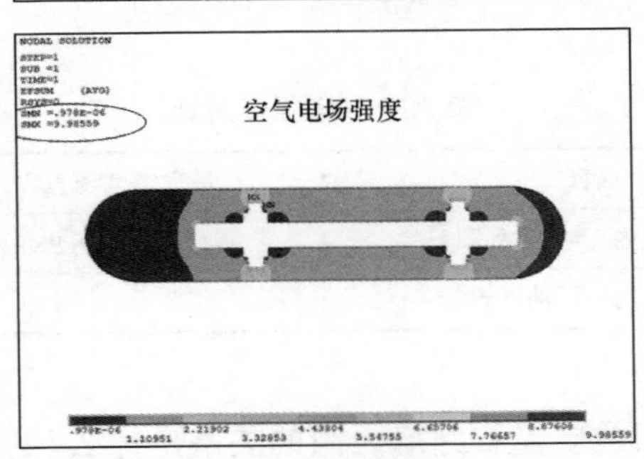

图2－6　绝缘模块内无屏蔽网设计

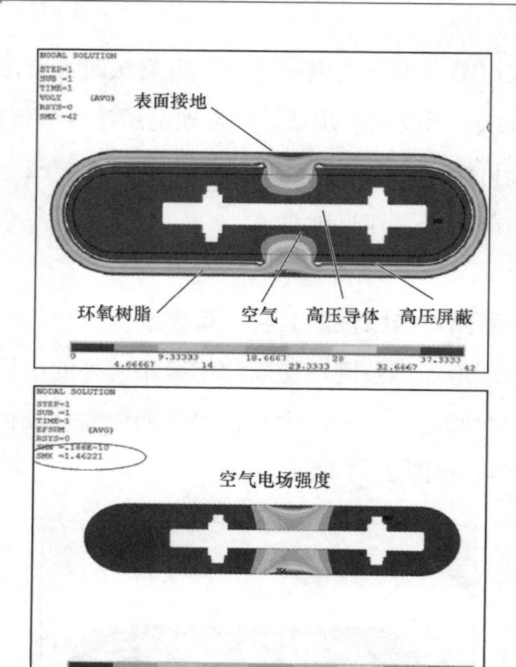

图 2-7　绝缘模块内有屏蔽网的设计

绝缘模块内有、无屏蔽网设计内部空气场强值的对比如表 2-4 所示。

表 2-4　　　　最大空气场强值对比

项目	最大空气场强值（kV/mm）
绝缘模块内无屏蔽网设计	9.986
绝缘模块内有屏蔽网设计	1.299

82. 局部放电量和绝缘之间的关系是什么？

答： 局部放电量反映了固体绝缘箱内部电场的分布情况及

内部缺陷，当局部放电量比较大时，说明内部场强比较大，可能存在电场集中的情况，这时电晕产生的初始电压低，泄漏电流大，对介质的损耗增强，绝缘会逐渐遭到破坏。反之，则有易于提升绝缘可靠性。

83. 固体绝缘环网柜接地开关的主要作用是什么？

答：开关设备接地开关主要用于设备的检修，为了防止检修过程中反送电，因此必须将检修设备的两端都接地。

开关设备的接地开关，一般为出线侧接地，当检修高压开关柜出线侧时（如紧固螺栓、拆装电缆等），就要分断主开关，同时合上接地开关，这样可以防止反送电引起触电事故，另外可以放尽剩余电荷，有利于检修安全。

84. 普通接地开关和带关合能力的接地开关有何不同？

答：普通接地开关是工作接地用的，将待检修的设备接地，保证检修安全，不具备关合能力。

另外，具有短路关合能力的快速接地开关，配有弹簧操动机构，具有一定的运动速度，关合时如线路中带电，接地开关具备关合能力，可减少人身伤害。

85. 固体绝缘环网柜接地开关的关合能力如何选择？

答：具备短路关合能力的接地开关一般分为E1级和E2级，E1级要求在额定短路关合电流情况下关合2次，E2级要求在额定短路关合电流情况下关合 5 次。用户根据设备所安装系统要求进行选择。

86. 上隔离方案中接地关合功能由真空灭弧室承担有什么特点？

答：（1）真空灭弧室（真空开关管、真空泡），它是用一对密封在真空中的电极（触头）和其他零件，借助真空优良的绝缘和熄弧特性，实现电路的关合或分断，具备多次的短路关合能力，因此使用真空灭弧室作为接地开关能够充分发挥真空灭弧室的关合能力，实现接地开关的关合。

（2）在某些特殊线路，对接地开关要求具备开合感应电流的能力。在特定条件下，当某一回或几回线路停电后，由于它与相邻带电线路之间产生电磁感应和静电感应，在停电的回路上将产生感应电压和感应电流，用真空灭弧室能更容易的开断和关合。

87. 组合电器单元熔断器下端接地的作用是什么？

答：组合电器主要是对变压器进行保护，在负荷开关断开的情况下，不存在反送电的情况。当需要更换熔断器时，操作主接地开关接地，辅助接地开关与主接地开关联动，使熔断器仓下部接地。组合电器熔断器下口接地的主要功能就是释放剩余电荷，防止发生触电事故。

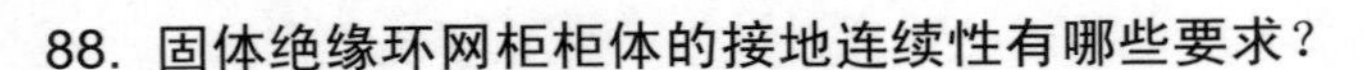

88. 固体绝缘环网柜柜体的接地连续性有哪些要求？

答：按 DL/T 404 中 5.3.2 的规定，并作如下补充：

（1）各个功能单元的外壳均应连接到接地导体上，除主回路和辅助回路之外的所有要接地的金属部件应直接或通过金属构件与接地导体相连接。

（2）金属部件和外壳到接地端子之间通过 30A 直流电流时压降不大于 3V。功能单元内部的相互连接应保证电气连续性。

（3）二次控制仪表室应设有专用独立的接地导体。

89. 固体环网柜对观察窗有哪些要求？

答：（1）柜体正面设计有可直接观察隔离开关隔离断口的观察窗。

（2）观察窗能直接观察到隔离刀所处的位置，以及相应接触触头所处分合的状态。

（3）电缆仓门设置观察窗，观察窗应使用机械强度与外壳相当的透明板，有足够的电气间隙和静电屏蔽措施，防止形成危险的静电电荷，可以通过观察窗进行红外测温。电缆仓观察窗玻璃采用双层钢化夹胶带屏蔽网及接地线，玻璃厚度要求不小于 10mm。要求观察窗的大小在满足燃弧试验要求的基础上，观察窗的尺寸应尽量增大，最小尺寸（长×宽）为 200mm×100mm。

（4）观察窗满足故障电流 20kA、燃弧时间为 1s 的燃弧试验的要求。

（5）主回路的带电部分与观察窗的可触及表面的绝缘能耐受 DL/T 593 规定的对地和极间的试验电压。

90. 可视断口有没有必要？

答：有必要，当检修或维护时，检修人员可直观地观察到开关所处于的状态；当不能直观地观察到开关所处于的状态时，检修人员不能准确判断隔离开关所处的位置，当隔离开关出现故障时，例如操作杆断裂，隔离开关在分闸后，隔离开关的刀还处于连通位置，则会出现安全事故。所以断口直接可视是必要的，可以保证检修人员和设备的安全。

91. 固体绝缘环网单元对主母线有什么技术要求？

答：（1）固体绝缘主母线结构：使用绝缘硅橡胶把导电芯完全包覆的结构，并在绝缘层外表面进行表面金属化处理。

（2）固体绝缘主母线必须安装拆卸方便，拆卸安装两个过程需要的时间相加大约 10min。

（3）母线外露绝缘表面都必须金属化处理，并具有可靠及便于安装的地线连接点。

（4）固体绝缘母线应进行工频耐压 42kV/min，然后降压至 13.2kV，局部放电量不大于 5pC。

（5）每一个母线搭接点，接触电阻不得大于 10μΩ。

（6）主母线 A、B、C 三相采用后、中、前水平排列。

（7）母线布置于设备的后上部。

（8）母线导电芯的材料为T2Y，导电芯的横截面必须不小于300mm^2。

（9）母线长度统一为（420±1）mm。

（10）固体绝缘母线不能因承受力、潮湿、污秽等影响产生龟裂现象。

92. 现有的几种母线连接方式及优缺点是什么？

答：（1）插拔型母线连接。

优点：电场分布均匀，零部件加工比较好控制。

缺点：这种方式安装不方便，存在连接不可靠、安装精度要求高等问题。

（2）梅花触座型母线连接。

优点：该结构简单，成本低，零部件加工较容易。

缺点：这种方式拆卸不方便，存在连接不可靠，安装精度要求高等问题。

（3）高压插头形式母线连接。

优点：该结构简单，电气连接可靠、界面压力比较稳定，对安装精度要求低等。

缺点：这种方式安装拆卸不方便，电场分布比较复杂，套管部分容易承受应力。

插头形式母线连接如图2－8所示。

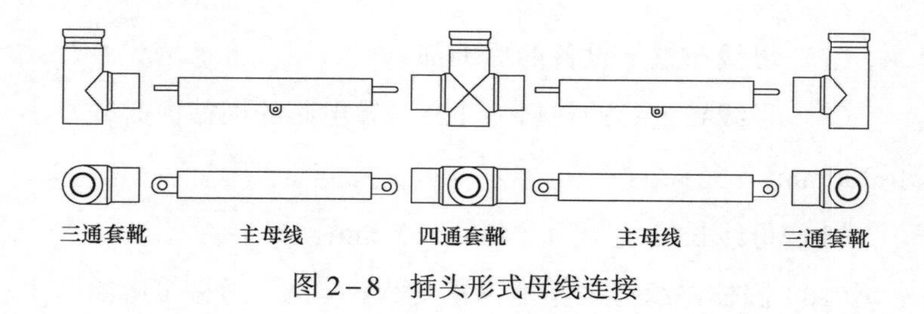

图 2-8　插头形式母线连接

93. 固体绝缘环网柜常见操动机构有哪几种？

答：固体绝缘环网柜的操动机构按照操作方式通常分为手动操动机构和电动操动机构，按照动作原理又通常分为弹簧操动机构、永磁操动机构及电磁机构。

94. 固体绝缘环网柜对操动机构有什么技术要求？

答：（1）开关设备操动机构具有防跳功能、配置开关的分合闸指示和操动机构的计数器，储能状态指示清晰，便于观察，且均用中文表示。

（2）操动机构操作电压：AC/DC 48V。

（3）开关设备操动机构必须具备 10 000 次操作寿命，经过 10 000 次寿命后，操动机构不得出现零部件损坏情况，机械特性参数变化不得超过规定要求。

（4）操动机构金属零部件防腐处理后，能耐受 240h（以寿命 20 年计算）及以上中性盐雾试验后无明显锈蚀。

（5）开关设备采用手动操作配置时宜具备电动升级扩展功能；开关设备采用电动操作配置时应同时具备手动操作功能。

（6）并联合闸脱扣器：并联合闸脱扣器在合闸装置的额定电源电压的85%～110%范围内应可靠动作；当电源电压不大于额定电源电压的30%时，并联合闸脱扣器不应脱扣。

（7）并联分闸脱扣器：并联分闸脱扣器在分闸装置的额定电源电压的65%～110%范围内，开关装置达到额定短路开断电流的操作条件下，均应可靠动作；当电源电压不大于额定电源电压的30%时，并联分闸脱扣器不应脱扣。

（8）电动弹簧操动机构应具备电动机储能和手动储能功能，可紧急分闸。

（9）在正常情况下，合闸弹簧完成合闸操作后要立即自动开始再次储能，合闸弹簧应在15s内完成储能；在弹簧储能进行过程中不能合闸，并且弹簧在储能全部完成前不得释放；断路器在各位置时都应能对合闸弹簧储能。

（10）储能状态有机械装置指示，指示采用中文表示，清晰可视并能实现远方监控。

95. 弹簧机构和永磁机构有哪些区别？

答：弹簧机构和永磁机构的区别见表2－5。

表2－5　弹簧机构和永磁机构的区别

项目＼类别	永磁机构	弹簧机构
整体结构	简单	复杂
零件数	少	较多

续表

项目 \ 类别	永磁机构	弹簧机构
运动部件数	少	较多
稳定性	高	低
机械寿命	高	低
经济性	成本高	成本低

96. 如何提高固体绝缘开关设备操动机构的可靠性？

答： 为有效防尘、防水、防腐蚀，提高设备可靠性及使用寿命，固体绝缘开关设备的操动机构均应采用全密封结构，即将储能电机、分合闸线圈、辅助开关等关键部件均密封在机构箱内，不受外界凝露、污秽的影响，其防护等级应达到IP65，有效防止操动机构因腐蚀生锈而产生拒动，造成开关不能动作。

97. 固体绝缘环网柜对绝缘箱有什么技术要求？

答：（1）绝缘箱多采用分体式结构，每相都是一个独立体。

（2）绝缘箱设有标准的母线端套管，方便安装统一的固体绝缘主母线。

（3）阻燃等级：V－1 级及以上。

（4）绝缘箱的局部放电试验按 DL/T 1586—2016　5.15 条，放电量不大于 5pC。

（5）能经受冷热循环破坏性试验，即在两个极限温度

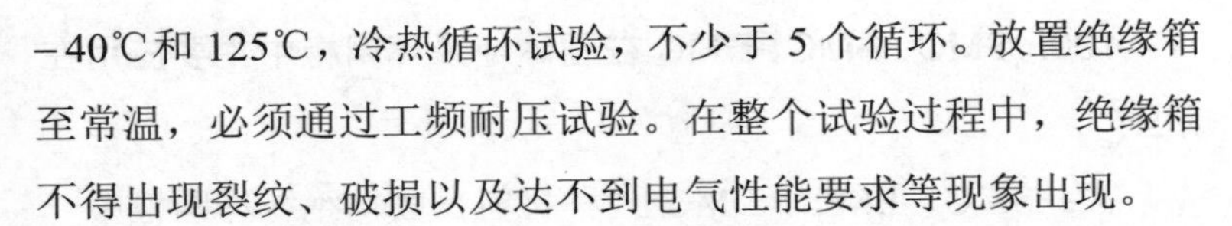

－40℃和125℃，冷热循环试验，不少于5个循环。放置绝缘箱至常温，必须通过工频耐压试验。在整个试验过程中，绝缘箱不得出现裂纹、破损以及达不到电气性能要求等现象出现。

（6）开关设备在8级地震烈度环境下，绝缘箱不得因受力而破损及开裂。

（7）绝缘箱密封槽部分粗糙度要达标，保证核心开关本体的防护等级达到IP67。

（8）绝缘箱不应有降低电气和机械性能的疏松、杂质、气孔和裂纹等缺陷。

98. 目前主要使用的固体绝缘材料都有哪些？

答：目前最常使用的固体绝缘材料包括环氧树脂、硅橡胶、聚碳酸酯以及SMC等。

99. 环氧树脂有哪些特性？

答：环氧树脂具有良好的粘接性，固化过程中收缩率低，在固化过程中不产生小分子，耐热性，机械强度高，尤其电气绝缘性能优良，绝缘性能达到18～22kV/mm。

缺点：结构复杂的部件应力集中问题显著，更容易开裂，设备使用条件更加严酷，提高动热稳定性，保证长期质量，降低局部放电等，不易降解，回收成本高。

100. SMC、BMC、DMC 在固体绝缘环网柜中主要应用在哪里？

答：SMC、BMC、DMC 几种材料在固体绝缘环网柜中一般用于仓室隔板、支撑件、绝缘拉杆等结构件。

101. SMC、BMC、DMC 等材料都有什么特性？

答：SMC 采用不饱和聚酯片状模塑塑料压制而成，具有色泽均匀、耐电弧、V－0 阻燃，吸水率低、耐漏电性好、尺寸公差稳定、翘曲小、介电强度及耐电压高。用于高低压开关柜的各种绝缘板及结构件。

BMC（DMC）即团状模塑料。国内常称作不饱和聚酯团状模塑料压制而成。因 BMC 团状模塑料具有优良的电气性能、机械性能、耐热性、耐化学腐蚀性，又适应各种成型工艺，满足各种产品对性能的要求。

102. 聚碳酸酯，简称 PC，有什么特性？

答：绝缘性能优良（潮湿、高温也能保持电性能稳定，是制造电子、电气零件的理想材料），介电系数为 3.0～3.2。在固体绝缘环网柜中有少量应用，基本用于做拉杆，具有特高的韧性及机械强度的场合。

103. 绝缘模块涂覆导电层质量检测的项目有哪些？

答：（1）外观检查：检查涂覆层要均匀、无明显色差。

（2）涂覆层附着力检测：根据 GB/T 9286—1998《色漆和清漆　漆膜的划格试验》，检测涂覆层与环氧树脂等绝缘材料之间的附着力，应满足 1 级要求（在切口交叉处涂层有少许薄片分离，但划格区受影响明显不大于 5%）。

（3）表面等电位测量：涂覆层表面任意两点应是导通的（等电位）。

（4）环境试验：低温、高温、冷热交变，机构强度（型式试验时要求）。

（5）涂覆层导通性检测：采用万用表在绝缘模块外表面选择两个距离最远点，用表笔触及导电层表面，导通即表示合格。

104. 绝缘件外表面导电层检测目的是什么？

答：检测的主要目的是：通过对绝缘件表面导电体的检测，判定产品是否能达到使用的技术要求，杜绝固体绝缘环网柜在使用过程中绝缘件外表面导电层在紫外线、潮湿、污秽的影响下变质或脱落。因为外表面导电层变质或脱落后，会改变绝缘件内部的电场分布，造成局部电场增强，加速固体绝缘介质的老化，严重的会导致绝缘失效，造成各种故障。

105. 固体绝缘环网柜防止凝露及污秽的措施有哪些？

答：环网柜中的导电部件都包覆和密封在固体绝缘箱内，固体绝缘箱的防护等级达到 IP67，电缆连接和母线连接都是全密闭、全绝缘结构，固体绝缘环网柜一次回路的性能不受凝露以及污秽的影响。受凝露污秽影响的只是二次部分，电路板和二次线连接部位。防止凝露污秽措施有：

（1）柜体结构上部、下部均增加通风结构，使上下形成对流，增加空气流通性。

（2）局部增设吸潮板，凝露时吸收水分，温度升高时释放水分。

（3）增加温湿度控制加热装置。

（4）电路板进行二次或三次封胶，提高密封性。

106. 固体绝缘环网柜局部放电在线监测方式及优缺点是什么？

答：目前局部放电在线监测主要使用 4 种方式，其各有优缺点。

方式 1：脉冲电流检测法。

优点：

（1）有 GB 7354—2003 测定标准做参考，有详细的技术要求规定和校准方法。

（2）可定量测量，如视在放电量、放电相位、放电频次。

（3）对突变信号反应灵敏，可以及时发现故障。

（4）结合脉冲极性鉴别法可以实现粗略定位。

缺点：

（1）抗干扰能力差，在变电站等具有较强电磁干扰环境下放电脉冲信号很容易淹没在电磁噪声中。

（2）灵敏度不稳定，受耦合电容影响较大，不适合分散性较高的电力设备。

方式 2：特高频检测法。

优点：

（1）检测对象为局部放电发生时产生的电磁波。

（2）测试灵敏度高，抗干扰能力强。

（3）敷设多个传感器时可以实现对局部放电源的定位。

（4）抗电晕性能良好，在局部放电在线监测方面应用很多。

缺点：

（1）对传感器要求高，不同结构形状的检测天线对系统的灵敏度影响较大。

（2）造价高，天线制作难度较高。

方式 3：超声波检测法。

优点：

（1）检测对象是声信号，声信号的特征提取、识别等处理方法较为成熟。

（2）可实现对母线的电气隔离。

（3）敷设多个传感器可以实现对局部放电源的大致定位，检测灵敏度高。

（4）造价相对较低。

缺点：

无法进行定量测量，而且建立声信号与局部放电类型、局部放电程度的对应关系较难。

方式 4：暂态地电压法。

优点：

（1）测试对象为局部放电发生时的电磁波，可以实现对母线的隔离。

（2）成本低，传感器安装方便，敷设在柜体缝隙处附近即可。

（3）检测灵敏度高，抗干扰能力强。

缺点：

（1）利用电磁波到达各探头的时间差进行定位，对测试仪的处理速度要求较高。

（2）电磁波在柜体内部多次反射、衰减可能导致测量结果不正常。

方式 3 和方式 4 是目前应用最多的两种检测方法。

试　验

第一节 型式试验

107. 什么是型式试验？

答：型式试验（type test）是为了验证产品能否满足技术规范的全部要求所进行的试验。型式试验是新产品鉴定中必不可少的一个环节。只有通过型式试验，该产品才能正式投入生产。

108. 什么情况下产品需要进行型式试验？

答：通常有下列情况之一时，一般应进行型式试验，也可根据产品实际情况进行型式试验：

（1）新产品或老产品转厂生产的试制定型检验。

（2）正式生产后，如结构、材料、工艺有较大的改变，可能影响产品质量及性能时。

（3）正式生产时，定期或积累一定产量后，应周期性进行一次检验。

（4）产品长期停产后，恢复生产时。

（5）本次出厂检验结果与上一次型式检验有较大差异时。

（6）国家质量监督机构提出进行型式检验要求时。

109. 权威型式试验机构有哪些？

答：（1）国家高压电器质量监督检验中心。

（2）机械工业高压电器产品质量检测中心（沈阳）。

（3）电力工业电力设备及仪表质量检验测试中心/中国电力科学研究院（北京）。

（4）上海电气输配电试验中心有限公司。

（5）国家电器产品质量监督检验中心（苏州）。

（6）电力工业无功补偿成套装置质量检验测试中心。

（7）电力工业带电作业工器具质量检验测试中心（东北电力电器产品质量检测站）。

（8）其他国家授权的第三方专业检验检测机构。

110. 固体绝缘环网柜型式试验引用的主要标准有哪些？

答：固体绝缘环网柜型式试验引用的主要标准如下：

GB 1984—2014《高压交流断路器》；

GB 1985—2014《高压交流隔离开关和接地开关》；

GB/T 3804—2017《3.6kV～40.5kV 高压交流负荷开关》；

GB 3906—2016《3.6～40.5kV 交流金属封闭开关设备和控制设备》；

GB 4208—2008《外壳防护等级（IP 代码）》；

GB 16926—2009《高压交流负荷开关—熔断器组合电器》；

GB/T 2423.1—2008《电工电子产品环境试验　第 2 部分：试验方法　试验 A：低温》；

GB/T 2423.2—2008《电工电子产品环境试验　第 2 部分：试验方法　试验 A：高温》；

GB/T 2423.10—2008《电工电子产品环境试验　第 2 部分：

试验方法　试验 Fc：振动（正弦）》；

GB/T 2423.22—2008《电工电子产品环境试验　第 2 部分：试验方法　试验 N：温度变化》；

GB/T 2900.20《电工术语　高压开关设备》；

GB/T 11022—2011《高压开关设备和控制设备标准的共用技术要求》；

GB/T 14808—2001《交流高压接触器和基于接触器的电动机起动器》；

GB/T 7354—2003《局部放电测量》；

DL/T 1586—2016《12kV 固体绝缘金属开关设备和控制设备》；

DL/T 404—2007《3.6kV～40.5kV 交流金属封闭开关设备和控制设备》；

DL/T 486—2010《高压交流隔离开关和接地开关》；

DL/T 593—2016《高压开关设备和控制设备标准的共用技术要求》。

111. 型式试验的试验分组是怎样要求的？

答： 根据国际短路试验联盟（STL）导则，型式试验分组与颁发型式试验证书有关，即只有在一个试验室完成一组型式试验，试验室才能为产品颁发型式试验证书，如果在一个试验室内未完成一组型式试验中的全部项目，则试验室只能颁发相应项目的性能检验报告。如表 3－1 所示。

表 3-1 型式试验分组实例

组别	型式试验	条款号
1	主回路及辅助和控制回路的绝缘试验 无线电干扰电压试验	6.2、6.10.6 6.9.1.1
2	主回路电阻的测量 温升试验	6.4 6.5
3	短时耐受电流和峰值耐受电流试验 关合和开断试验	6.6 见有关的相关的标准
4	外壳防护等级检查 密封试验（适用时） 机械试验 环境试验 抗振试验	6.7 6.8 见有关的产品标准 见有关的产品标准 见 GB 13540

112. 固体绝缘环网柜型式试验一般有哪些项目？

答：型式试验项目分为两类，具体如下：

（1）型式试验。

- 绝缘试验（包含局部放电试验）；
- 回路电阻的测量和温升试验；
- 短时耐受电流和峰值耐受电流试验；
- 关合和开断能力的试验；
- 机械操动和机械特性试验；
- 防护等级检验；
- 环境试验。

（2）适用时的型式试验。

- 内部电弧试验；
- 电磁兼容性试验；

● 人工污秽和凝露试验。

型式试验可能会对被试部件造成损伤而影响继续使用，因此，如果没有制造厂和用户之间的协议，型式试验后的试品不得在运行中使用。

113. 断路器单元型式试验项目及要求有哪些？

答： 断路器单元型式试验项目及要求如表 3－2 所示。

表 3－2　　断路器单元型式试验项目及要求

断路器单元				
GB 标准	GB 条款	试验项目	试验条件/要求	试验评定
GB 11022—2011	6.2	绝缘试验	短时工频耐受电压试验 1min	42kV/48kV
			雷电冲击电压试验	75kV/85kV
			局部放电试验	1.1U_r 测量电压下：整机不大于 10pC；固体绝缘件不大于 5pC
			辅助和控制回路的绝缘试验 1min	2kV
GB 11022—2011	6.4	主回路电阻测量	用 100A 直流电流测量	≤　μΩ*
GB 11022—2011	6.5	温升试验	1.1×630A	允许温升按 GB 11022—2011 表 3 要求
GB 11022—2011	6.7	防护等级试验	IP4X	IP4X
GB 1984—2014	6.101	断路器机械寿命试验	M2	10 000 次
GB 1985—2014	6.102	隔离开关/接地开关三工位开关机械寿命试验	M1	3000 次

续表

GB 标准	GB 条款	试验项目	试验条件/要求	试验评定
GB 11022—2011	6.6	短时耐受电流、峰值耐受电流试验	主回路	20kA/4s，50kA
			接地开关	20kA/2s，50kA
			接地回路	17.4kA/2s，43.5kA
GB 1984—2014	6.102 6.104 6.105 6.106	短路开断、关合试验	T10：12kV，2kA	O－0.3s－CO－3min－CO
			T30：12kV，6kA	O－0.3s－CO－3min－CO
			T60：12kV，12kA	O－0.3s－CO－3min－CO
			T100s：12kV，20kA	O－0.3s－CO－3min－CO
			T100a：12kV，20kA，直流分量 50%	O，O，O
GB 1984—2014	6.108	异相接地故障试验	12kV，17.4kA	O－0.3s－CO－3min－CO
GB 1984—2014	6.111	电缆充电电流的开合试验	CC1：12kV，2.5～10A	O，24 次
			CC2：12kV，25A	CO，24 次
GB 1984—2014	6.112	电气寿命试验	E2 级	满容量开断 30 次
GB 1985—2014	6.101	额定短路关合电流试验（接地开关）	12kV，I_{ma}=50kA	E1 级，2 次

* 主回路电阻的测量值，因各制造厂家产品不同而有不同。

114. 负荷开关单元型式试验项目及要求有哪些？

答：负荷开关单元型式试验项目及要求如表 3－3 所示。

表 3-3　　负荷开关单元型式试验项目及要求

负荷开关单元				
GB 标准	GB 条款	试验项目	试验条件/要求	试验评定
GB 11022—2011	6.2	绝缘试验	短时工频耐受电压试验 1min	42kV/48kV
			雷电冲击电压试验	75kV/85kV
			局部放电试验	$1.1U_r$ 测量电压下：整机不大于 10pC；固体绝缘件不大于 5pC
			辅助和控制回路的绝缘试验 1min	2kV
GB 11022—2011	6.4	主回路电阻测量	用 100A 直流电流测量	≤ μΩ*
GB 11022—2011	6.5	温升试验	1.1×630A	允许温升按 GB 11022—2011 表 3 要求
GB 11022—2011	6.7	防护等级试验	IP4X	IP4X
GB 3804—2004	8.102	负荷开关机械寿命试验	M2	5000 次
GB 1985—2014	6.102	隔离开关/接地开关机械寿命试验	M1	3000 次
GB 11022—2011	6.6	短时耐受电流、峰值耐受电流试验	主回路	20kA/4s，50kAp
			接地开关	20kA/2s，50kAp
			接地回路	17.4kA/2s，43.5kAp

续表

GB 标准	GB 条款	试验项目	试验条件/要求	试验评定
GB 3804—2004	8.101.8.1	额定有功负载开断电流试验	12kV，I_1=630A	CO，30 次
			12kV，0.05×I_1=31.5A	CO，20 次
GB 3804—2004	8.101.8.2	额定配电线路闭环开断电流试验	2.4kV，I_{2a}=630A	CO，20 次
GB 3804—2004	8.101.8.4	额定电缆充电开断电流试验	12kV，I_{4a}=10A	CO，10 次
			12kV，（0.2～0.4）×I_{4a}=2～4A	CO，10 次
GB 3804—2004	8.101.8.5	额定短路关合电流试验（负荷开关）	12kV，I_{ma}=50kA	E2 级，3 次
GB 3804—2004	8.101.8.6	额定接地故障开断电流试验	12kV，I_{6a}=5A	CO，10 次
GB 3804—2004	8.101.8.6	接地故障条件下的线路和电缆充电电流试验	12kV，I_{6b}=20A	CO，10 次
GB 1985—2014	6.101	额定短路关合电流试验（接地开关）	12kV，I_{ma}=50kA	E1 级，2 次

* 主回路电阻的测量值，因各制造厂家产品不同而有不同。

115. 负荷开关—组合电器单元型式试验项目及要求是什么？

答：负荷开关—组合电器单元型式试验项目及要求如表 3－4 所示。

表 3-4　负荷开关—组合电器单元型式试验项目及要求

负荷开关—熔断器　组合电器单元				
GB 标准	GB 条款	试验项目	试验条件/要求	试验评定
GB 11022—2011 GB 16926—2009	6.2	绝缘试验	短时工频耐受电压试验 1min	42kV/48kV
			雷电冲击电压试验	75kV/85kV
			局部放电试验	$1.1U_r$ 测量电压下：整机不大于 10pC；固体绝缘件不大于 5pC
			辅助和控制回路的绝缘试验 1min	2kV
GB 11022—2011 GB 16926—2009	6.4	主回路电阻测量	用 100A 直流电流测量（用阻抗可以忽略不计的导电棒代替熔断器，且记录该导电棒）	≤μΩ*
GB 11022—2011 GB 16926—2009	6.5	温升试验（安装最大电流额定值和/或最大功率耗散的熔断器）	试验电流根据熔断器最大额定电流值决定	允许温升按 GB 11022—2011 表 3 要求
GB 16926—2009	6.104	长预燃弧时间熔断器的热试验	试验和 6.5 类似，但空载电压应当足够于撞击器动作。试验在同系列最大电流的熔断器上进行，试验电流供以制造商声明的给予最高熔断器本体温度的电流，直到撞击器动作为止	1. 撞击器和负荷开关能够正确动作； 2. 熔断器没有出现 GB 15166.2 的 5.1.3 规定的情况

续表

GB 标准	GB 条款	试验项目	试验条件/要求	试验评定
GB 11022—2011	6.7	防护等级试验	IP4X	IP4X
GB 3804—2004	8.102	负荷开关机械寿命试验	M2	5000 次
GB 1985—2014	6.102	接地开关机械寿命试验	M1	3000 次
GB 16926—2009	6.102	脱扣联动试验	对相应型号的撞击器共需进行 100 次操作试验。其中用最小能量的撞击器。对每极进行 30 次操作试验。其余 10 次用 3 只最大能量撞击器同时进行操作	共 100 次
GB 16926—2009	6.103	熔断器的机械振动试验	结合 6.102 的脱扣器联动试验	结合 6.102 的脱扣器联动试验
GB 16926—2009	6.102.2.1	额定短路电流的关合和开断试验	12kV，31.5kA/80kAp	实验顺序：O，CO
GB 16926—2009	6.102.2.2	最大 I^2t 时的关合和开断试验	12kV，试验电流按熔断器的规格指示	实验顺序：O，CO
GB 16926—2009	6.102.2.3	额定转移电流的开断试验	12kV，$I_{transfer}$	实验顺序：O，O，O

*　主回路电阻的测量值，因各制造厂家产品不同而有不同。

116. 温升与环境温度有什么区别？

答：温升指环网柜在做温升试验或运行时，设定的温升测量点在某一时间的温度与环境温度之差。

环境温度是指环网柜在做温升试验或运行时，环网柜周围空气的温度。

117. 固体绝缘环网柜温升试验时各部位温升极限如何规定？

答：高压开关设备的温度和温升权限如表 3－5 所示。

表 3－5　　高压开关设备的温度和温升极限

部件、材料和绝缘介质的类别	最大值	
	温度（℃）	周围空气温度不超过 40℃时的温升（K）
触头 裸铜或裸铜合金 ——在空气中 镀银、镀镍或镀锡 ——在空气中	 75 105	 35 65
用螺栓的或与其等效的联结 裸铜、裸铜合金或裸铝合金 ——在空气中 镀银、镀镍或镀锡 ——在空气中	 90 115	 50 75
用螺栓或螺钉与外部导体连接的端子 ——裸的 ——镀银、镀镍或镀锡	 90 105	 50 65
可触及的部件 ——在正常操作中可触及的 ——在正常操作中不需触及的	 70 80	 30 40

118. 什么是开关设备的回路电阻（或称接触电阻）？

答：两个或两个以上导体联结时，在各个联结点产生的联结电阻之和称为回路电阻，是表征导电回路的联结是否良好的一个参数。固体绝缘环网柜回路电阻的测量范围，一般指柜内每条单相母线至出线套管之间的电阻值。

119. 怎样测量开关设备的回路电阻？

答：回路电阻采用压降法测量，即大电流测量法，电流值按 GB/T 11022 的规定为："100A 到额定电流之间的任一方便的值"。通用的测量方法不采用电桥法（电桥法测量仪的工作电源一般由层叠电池提供，测量电流较小，对于开关设备接触部位氧化后的测量值真实性难以确定）测量。目前，市场上回路电阻测量仪种类繁多，可直接测量开关设备的回路电阻值，但仪器的测量电流值需符合标准规定。

120. 什么是金属分流器？

答：金属分流器是测量直流电流用的，根据直流电流通过电阻时在电阻两端产生电压的原理制成。它也相当于一个标准电阻器，如 75mV 的金属分离器，它的标准阻值为 750μΩ。

121. 回路电阻测试仪的附件中为什么要配备一只金属分流器？

答：当对回路电阻测试结果产生疑问时，应首先排除测试仪本身的异常，此时可用金属分流器判断一下测试仪本身是否发生问题。

122. 什么是开关设备联结时的静联结（静接触）和动联结（动接触）？

答：静联结一般为螺丝固定，为永久性联结，如主母线与分支母线的联结；动联结在需要时可断开联结，如开关设备的动、静触头。

123. 回路电阻值超出规定值对开关设备有何影响？

答：回路电阻值超出上限时，无论是静联结，还是动联结一般为接触不良，长期运行可能导致恶性循环，最终造成设备因过热而烧毁；回路电阻超出下限时，对于动联结的动、静触头磨损较快（包括镀层，如镀银层），过度的磨损，将降低原有设计的电流承载能力，降低设备的电气寿命，同样有可能造成因过热而烧毁故障。

124. 哪些部位容易导致回路电阻超标？

答：（1）母线联结回路电阻超标：一般来说固体绝缘环网柜的电气组装基本上是母线与开关箱（断路器与隔离开关整体浇注的部件）的组装，当发生回路电阻超标时，采用横向比较法（A 相、B 相、C 相或与其他单元的回路电阻进行比较），首先确认母线联结的回路电阻是否超标，如果超标，一般由现场安装人员即可处理。

（2）动、静触头接触异常：当排除母线联结点回路电阻异常后，应考虑开关箱内隔离开关、断路器的动、静触头回路电阻超标，此方面应由制造商的专业人员判断及处理。

125. 固体绝缘环网柜需要进行高海拔试验吗？影响其高海拔应用的因素主要有哪些？高海拔的绝缘水平是如何确定的？

答：因固体绝缘环网柜环境适应性很强，故很大一部分被用在高海拔地区，所以对固体绝缘环网柜进行高海拔试验很有必要。

影响高海拔应用的主要因素有：

（1）绝缘模块表面是否连续接地。

（2）主回路部分是否达到IP67防护等级。

对于安装在海拔高于1000m处的开关柜，外绝缘在使用地点的绝缘耐受水平应为额定绝缘水平乘以海拔修正系数K_a，如图3－1所示

$$K_a = e^{m(H-1000)/8150}$$

式中　H—海拔，m。

为了简单起见，m取下述的确定值：

m=1，对于工频、雷电冲击和相间操作冲击电压。

m=0.9，对于纵绝缘操作冲击电压。

m=0.75，对于相对地操作冲击电压。

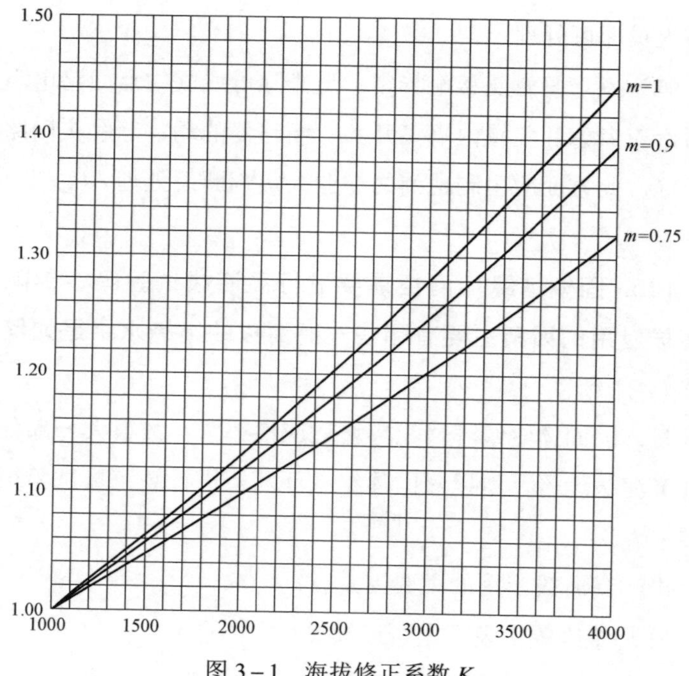

图 3－1　海拔修正系数 K_a

126. 固体绝缘环网柜局部放电试验如何进行？

答： 局部放电试验应在雷电冲击电压试验和工频电压试验后进行。试验回路和程序如表 3－6 所示。

表 3－6　试验回路和程序

项目	单相试验			三相试验
	程序 A	程序 B		
电源连接	依次连接到每相	依次连接到每相	同时连接到三相	三相
接地连接的元件	其他相和工作时接地的所有部件	其他两相	工作时接地的所有部件	工作时接地的所有部件

续表

项目	单相试验			三相试验
	程序 A	程序 B		
最低预施电压	$1.3U_r$	$1.3U_r$	$1.3U_r/\sqrt{3}$	$1.3U_r^*$
试验电压	$1.1U_r$	$1.1U_r$	$1.1U_r/\sqrt{3}$	$1.1U_r^{**}$
基本接线图				

* 相间电压；

** 中性点不接地系统的补充试验（仅作为型式试验）。

注 1. 测量最大允许的局部放电量满足下列要求：

（1）固体绝缘组件的局部放电量应不大于 5pC。

（2）各功能单元的局部放电量应不大于 10pC。

2. 当成套设备由常规元件组成时（例如互感器、套管），这些元件应按各自标准的规定单独进行试验。

3. 试验可以在成套设备上或分装上进行，测量不应受外界局部放电的影响。

127. 什么是内燃弧试验？内燃弧试验的意义和方法有哪些？

答： 内燃弧试验是经试验验证，在内部电弧情况下，是否能为人员提供规定的保护要求。

在设备现场，可能需要区分金属封闭开关设备和控制设备的两种可触及类型：

——A 类可触及性：仅限于授权的人员；

——B 类可触及性：不受限制的可触及性，包括一般公众的。

金属封闭开关设备和控制设备外壳的不同侧面可以具有不

同的可触及性类型。

采用下述代码表示外壳的不同侧面：

F：前面；

L：侧面；

R：后面。

试验的布置应观测下述几点：

——试验样品应装配完整；

——应对装有主回路原件的功能单元的每个隔室进行试验；

——如果试验样品需要接地，则应在规定的点接地；

——试验应在事先没有经受过电弧的隔室中进行，或者，如果承受过电弧，则应在不影响试验结果的条件下进行。

128. 固体绝缘环网柜中哪些隔室需要进行内部燃弧试验？

答：在固体绝缘环网柜中要求进行燃弧试验的隔室主要有开关室、母线室和电缆室。

129. 固体绝缘环网柜环境试验有哪些？

答：固体绝缘环网柜环境试验项目主要有：

（1）低温试验。

（2）高温试验。

（3）温度变化试验。

（4）机械振动试验。

（5）机械强度试验。

经环境试验后，在正常大气条件下静置2h后进行检查，试品不得有机械损伤、锈蚀，工频耐受电压应符合 DL/T 593—2016 中 6.2.6.1 的要求。

130. 固体绝缘环网柜环境试验具体参数要求是什么？

答：固体绝缘环网柜环境试验的具体要求如表 3－7 所示。

表 3－7　　绝缘件环境试验项目及参照标准

绝缘件的环境试验				
标准	条款	试验项目	试验条件/要求	试验评定
GB 2423.1—2008 DL/T 1586—2016	附录 A.2	低温试验	－25℃或－40℃，24h	工频耐受42kV/min；局部放电，$1.1U_r$测量电压下：固体绝缘件不大于5pC
GB 2423.2—2008 DL/T 1586—2016	附录 A.2	高温试验	125℃，24h	工频耐受42kV/min；局部放电，$1.1U_r$测量电压下：固体绝缘件不大于5pC
GB 2423.22—2012 DL/T 1586—2016	附录 A.3	温度变化试验	低温t_A：－40℃；高温t_B：60℃；循环试验5次；暴露时间t_1：3h；转换时间t_2：3min	工频耐受42kV/min；局部放电，$1.1U_r$测量电压下：固体绝缘件不大于5pC
GB 2423.10—2008 DL/T 1586—2016	附录 A.4	机械振动试验	振动频率：55Hz；加速度：50m/s²；振动时间：10min	试品不得有机械损伤，表面接地层不得有任何损伤
DL/T 486—2010 DL/T 1586—2016	6.102.4 附录 A.5	机械强度试验	接线端机械负载：水平拉力：横向500N，纵向500N；两力合力的1/2施加25次	试品不得有机械损伤，表面接地层不得有任何损伤

131. 固体绝缘环网柜凝露和污秽试验的必要性是什么？

答：安装在建筑物或箱式变压器及开闭所等场所的设备，运行中要承受由于温度快速变化引起的凝露以及场所内环境的污染。因此该试验是很有必要的。

132. 固体绝缘环网柜凝露和污秽试验的等级如何划分？

答：金属封闭开关设备和控制设备周围的凝露和污秽使用条件分类如下：

C0：通常不出现凝露（每年不超过两次）；

Cl：凝露不频繁（每月不超过两次）；

Ch：凝露频繁（每月超过两次）；

P0：无污秽；

Pl：轻度污秽；

Ph：严重污秽。

考虑到设备特别受到湿度和污秽联合作用的情况，三个使用条件的严酷等级定义如下：

0 级：C0 P1；

1 级：Cl Pl 或 Co Ph；

2 级：Cl Ph 或 Ch Pl 或 Ch Ph。

按此选择不低于 Ch P1 级。

133. 固体绝缘模块在高湿度、高盐分环境下，电性能情况会如何？

答：按 GB 2423.17—2008 标准，固体绝缘模块在盐雾箱内放置 96h 及 200h 后，即可去做局部放电试验，结果如表 3－8 所示。放置于盐雾箱内的固体绝缘模块如图 3－2 所示。

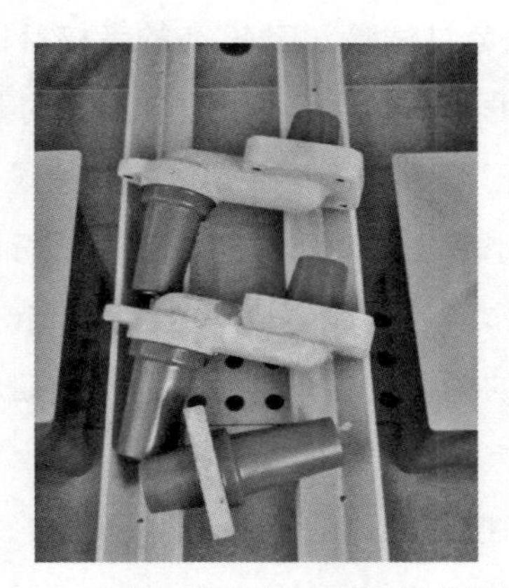

图 3－2 放置于盐雾箱内的固体绝缘模块

表 3－8 绝缘模块盐雾试验后的局部放电值

序号	产品编号	0h			96h			200h		
		起弧电压（kV）	13.2kV P_D≤5pC	熄弧电压（kV）	起弧电压（kV）	13.2kV P_D≤5pC	熄弧电压（kV）	熄弧电压（kV）	13.2kV P_D≤5pC	熄弧电压（kV）
1	RA1733137－022	20	≤1pC	22	24	≤1pC	22	24	≤1pC	21
2	RA1733037－021	20	≤1pC	20	20	≤1pC	20	20	≤1pC	18
3	RA1733037－023	23	≤1pC	20	23	≤1pC	21	23	≤1pC	18

从而可以得出以下结论：

（1）200h 盐雾试验后，产品性能参数几乎没有变化。

（2）产品为异形结构，出现故障的概率高于平面结构。

（3）产品表面的处理满足长期运行的要求。

134. 电磁兼容性试验（EMC）的考核目标是什么？

答：只对辅助和控制回路规定了 EMC 的要求和试验。

对于正常运行但不进行开合操作的开关设备和控制设备的主回路，辐射电平用无线电干扰电压试验进行验证。

由于开合操作（包括开断故障电流）引起的辐射是偶然发生的，此类辐射的频率和电平认为是正常电磁环境的一部分。

135. 辅助和控制回路的辐射试验是什么？

答：作为辅助和控制回路一部分的电子设备，应满足 GB 4824 中所规定的关于辐射的要求，不再规定其他的试验。

将限值增加 10dB，可以用 10m 的测量距离代替 30m 的测量距离。

136. 辅助和控制回路抗扰性试验有何规定？

答：如果固体绝缘环网柜的辅助和控制回路包含电子设备和元件，则辅助和控制回路应进行电磁抗扰性试验，对其他情况不需试验。

抗扰性试验规定如下：

——电快速瞬变/脉冲群试验，该试验模拟在辅助和控制回路中由于开合引起的情况；

——振荡波抗扰性试验，该试验模拟在主回路中由于开合引起的情况。

EMC抗扰性试验汇集在GB/T 17626.1中，IEC 61000－6－5涉及在发电厂和高压变电站中的电器设备的EMC抗扰性。

静电放电（BSD）试验是对电子设备的常规要求，应对用于开关设备和控制设备的辅助和控制回路中的电子设备进行此试验。这些试验对完整的辅助和控制回路不必重复。辐射场和磁场试验只在特殊场合时才予以考虑。

注 1. 特殊场合的例子：位于金属封闭开关设备母线附近的电子装置可能会受到磁场的影响，为了保证电磁兼容性，可能需附加的设备。

2. 当控制柜的门打开时，如果在其附近使用无线电发射机或蜂窝电话，可能会使辅助和控制回路承受可观的射频电磁场。

137. 抗扰性试验导则是什么？

答：电磁抗扰性试验应在完整的辅助和控制回路或分装上进行。试验可在下述部位进行。

——完整的辅助和控制回路；

——分装，如汇控柜、操动机构箱等；

——柜内的分装，如表计和监控系统。

对内部连接需要较长或分装间存在显著的干扰电压的场合，强烈推荐对分装进行单独试验。对每一个可更换的分装，单独试验是强制性的。

分装可能位于辅助和控制回路内的不同位置，但只要总的接线长度和把分装连接到辅助和控制回路的连接线的数量不大于已试系统中的长度和数量，则完整系统的型式试验仍然有效。

可更换分装可由相似的分装代替，但只要满足下列条件，原来的型式试验报告有效：

——符合 IEC 61000－5 中给出的设计和安装规程；

——型式试验是在适用于该类型开关设备和控制设备的最复杂的分装上进行的；

——制造厂的设计规程和型式试验过的分装的设计规程相同。

试验电压应施加在辅助和控制回路的界面或受试分装上，该界面由制造厂确定。

型式试验报告应清楚地说明受试的系统或分装。

注　抗扰性试验是为了覆盖大多数的运行条件，感应的骚扰比试验所覆盖的更严酷的场合可能是极端情况。

138. 电快速瞬变/脉冲群试验如何做？

答：电快速瞬变/脉冲群试验应按 GB/T 17626.4 进行，重复率为 5kHz 试验电压和耦合方式应按表 3－9 选择。

表 3－9　　电快速瞬变/脉冲群试验方式

界面	相关设备	试验电压（kV）	耦合方式
电力线路	交流和直流电力线路	2	CDN
接地箱壳部分		2	CDN

续表

界面	相关设备	试验电压（kV）	耦合方式
信号部分	有屏蔽和没有屏蔽的线路，模拟和/或数字信号的传输： ● 控制线路； ● 通信线路（如数据库）； ● 测量线路（如 TA、TV）	2	CCC 或等效的耦合方法

注 CDN 为耦合和去耦合网络；CCC 为容性耦合接线端子。

139. 振荡波抗扰性试验如何做？

答：进行振荡波抗扰性试验电压的波形和持续时间应按 GB/T 17626.12 的要求。

阻尼振荡波应在 100kHz 和 1MHz 下进行试验，频率相对允差为±30%。

应进行共模和差模试验，试验电压和耦合方式应按表 3－10 选择。

表 3－10　　振荡波抗扰性试验方式

界面	相关设备	试验电压（kV）	耦合方式
电力线路	交流和直流电力线路	差模：1.0 共模：2.5	CDN CDN
信号部分	有屏蔽和无屏蔽的线路，模拟和/或数字信号的传输： ● 控制线路； ● 通信线路（如数据库）； ● 测量线路（如 TA、TV）	差模：1.0 共模：2.5	CDN CDN 或等效的耦合方法

注 CDN 为耦合和去耦合网络。

140. 试验过程中和试验后二次设备的表现是什么？

答： 辅助和控制回路应耐受规定的试验而不得发生永久性的损坏，试验后辅助和控制回路应能正常运行。如表 3－11 所示，某些部件的功能暂时丧失是允许的。

表 3－11　　辅助和控制回路功能试验及评价标准

功　能	评价标准
保护、电信保护	A
报警	B
监督	B
指令和控制	A
测量	B
计数	A
数据处理 ——用于高速保护系统 ——一般应用	 A B
信息	B
数据存储	A
过程	B
监控	B
人机界面	B
自诊断	B

注　在线连接的过程、监控和自诊断功能以及作为指令和控制回路的一部分时，应满足评价标准 A。

符合 GB/T 17626.1 的评价标准：

A—在技术条件规定的范围内可正常工作。

B—功能或性能暂时下降或丧失，但能自行恢复。

第二节 出 厂 试 验

141. 什么是出厂试验?

答: 出厂试验是为了检查材料和结构中的缺陷。出厂试验不会损坏试品的性能和可靠性。出厂试验应该在制造厂内任一合适的地方对每台成品进行，以确保产品与已通过型式试验的设备相一致。根据协议，任一项出厂试验都可在现场进行。

142. 出厂试验有哪些项目?

答: 出厂试验项目包括如下内容:

(1) 外观尺寸检查。

(2) 主回路的绝缘试验。

(3) 局部放电试验。

(4) 辅助和控制回路的绝缘试验。

(5) 主回路电阻的测量。

(6) 设计和外观检查。

(7) 机械操作和机构特性试验。

143. 断路器单元的出厂试验参数有哪些?

答: 断路器单元出厂试验技术参数如表 3-12 所示。

表 3－12　　断路器单元出厂试验项目及参数要求

断路器单元		
试验项目	试验条件/要求	参数要求
外观尺寸检查		产品尺寸符合设计图纸要求，无任何缺损件，模拟线或装置指示符合标准要求
绝缘试验	短时工频耐受电压试验 1min（对地/隔离断口）	42kV/48kV（因表面接地，不需要进行相间耐压试验）
	局部放电试验	1.1U_r 测量电压下：整柜小于10pC；绝缘组件小于 5pC
	辅助和控制回路的绝缘试验	2kV/1min
主回路电阻测量	用 100A 直流电流测量	≤μΩ（按制造厂规定）
防护等级检查	一次回路	IP67
	外壳	IP4X
	隔室间	IP2X
机械操动和机构特性试验		（1）开关装置应按相关技术要求操作 50 次，其机械特性符合工艺规范要求； （2）产品联锁应满足“五防”要求； （3）手动操作可靠，操作力不应大于 250N； （4）电动控制或操作准确、可靠，开关状态指示正确

144. 负荷开关单元的出厂试验参数有哪些？

答：负荷开关单元出厂试验技术参数如表 3－13 所示。

表 3－13　　负荷开关单元出厂试验项目及参数要求

负荷开关单元		
试验项目	试验条件/要求	参数要求
外观尺寸检查		产品尺寸符合设计图纸要求，无任何缺损件，模拟线或装置指示符合标准要求
绝缘试验	短时工频耐受电压试验 1min（对地/隔离断口）	42kV/48kV（因表面接地，不需要进行相间耐压试验）
	局部放电试验	1.1U_r 测量电压下：整柜小于 10pC；绝缘组件小于 5pC
	辅助和控制回路的绝缘试验	2kV/1min
主回路电阻测量	用 100A 直流电流测量	≤100μΩ
防护等级检查	一次回路	IP67
	外壳	IP4X
	隔间	IP2X
机械操动和机构特性试验		（1）开关装置应按相关技术要求操作 50 次，其机械特性符合工艺规范要求； （2）产品联锁应满足“五防”要求； （3）手动操作可靠，操作力不应大于 250N； （4）电动控制或操作准确、可靠，开关状态指示正确

145. 负荷开关—熔断器组合电器单元的出厂试验参数有哪些？

答：组合电器单元出厂试验技术参数如表 3－14 所示。

表 3－14 负荷开关—熔断器组合电器单元出厂试验项目及参数要求

组合电器单元		
试验项目	试验条件/要求	参数要求
外观尺寸检查		产品尺寸符合设计图纸要求，无任何缺损件，模拟线或装置指示符合标准要求
绝缘试验	短时工频耐受电压试验 1min（对地/隔离断口）	42kV/48kV（因表面接地，不需要进行相间耐压试验）
	局部放电试验	$1.1U_r$ 测量电压下：整柜不大于 10pC；绝缘组件不大于 5pC
	辅助和控制回路的绝缘试验	2kV/1min
主回路电阻测量	用 100A 直流电流测量	≤μΩ（按制造厂家规定）
防护等级检查	一次回路	IP67
	外壳	IP4X
	隔间	IP2X
机械操动和机构特性试验		（1）开关装置应按相关技术要求操作 50 次，其机械特性符合工艺规范要求； （2）产品联锁应满足“五防”要求； （3）手动操作可靠，操作力不应大于 250N； （4）电动控制或操作准确、可靠，开关状态指示正确； （5）应对熔断器脱扣装置进行可靠性试验，采用模拟撞击器对熔断器与负荷开关之间的脱操装置进行试验，保证熔断器熔断后负荷开关能可靠分闸，试验次数不少于 5 次

第三节　交接验收试验

146. 为什么要进行交接验收试验？

答：固体绝缘环网柜到达用户或最终项目投运前，用户需要对产品进行验收和交接试验，以检测产品的性能，避免在运输和安装过程中造成的设备缺陷，确保正常投运。

147. 交接试验的标准和要求是什么？

答：进行交接试验时，相关参数是否合格，其判断依据主要有国家标准（GB 50150）、行业标准（DL 404）、订货规范和制造商的出厂检测报告等。

148. 交接试验有哪些项目？

答：交接试验项目包括：

（1）设计和外观检查。

（2）测量绝缘电阻。

（3）主回路绝缘试验。

（4）主回路电阻测量。

（5）辅助和控制回路的试验。

（6）机械操作和机械特性试验。

（7）联锁试验。

（8）主要部件的试验（电流互感器、电压互感器、避雷器等）。

安　装

149. 固体绝缘环网柜主母线安装前要做哪些准备工作?

答:（1）按照技术要求将两台开关或多台开关先并柜安装。

（2）清洁母线与密封胶垫。

（3）清洁母线端子的接触面。

（4）按照技术要求在接触部分涂抹硅脂。

150. 固体绝缘环网柜主母线安装主要原则是什么?

答: 母线安装的主要原则是主母线和分支母线之间应接触牢固、密封完好、减少母线承受的应力、绝缘主母线外表面可靠接地。

151. 固体绝缘环网柜主母线是如何安装的?

答: 主母线的安装如图 4－1 所示。

（1）清洁：把要安装的主母线、三通套靴、四通套靴、绝缘封堵及绝缘模块上的母线套管都清理干净，擦拭零部件上的油污。

（2）把双头螺栓旋进在绝缘模块上的母线套管上。

（3）拼接母线：在套靴和主母线上涂抹适量的绝缘硅脂，然后依次把三通套靴、主母线、四通套靴、主母线、三通套靴套接在一块，如图 4－1 所示顺序（依三回路固体绝缘环网柜为例），套靴和主母线套接重合的尺寸达到技术要求。

（4）在母线套管上涂抹适量的绝缘硅脂，把套接好的主母线套在绝缘模块上的母线套管上，用铜螺母紧固，紧固力矩 50N·m。

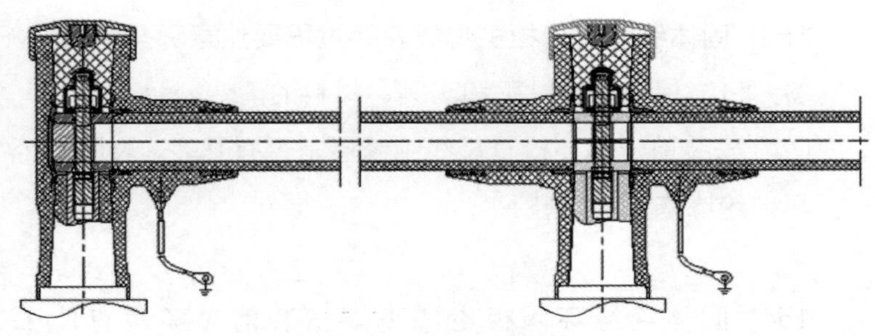

图 4-1　主母线的安装

（5）在绝缘封堵上涂抹适量绝缘硅脂，然后旋紧在套靴后面。

（6）盖上防尘帽。

（7）连接地线。

152. 如何检测固体绝缘环网柜主母线安装是否正确？

答：（1）观察主母线与开关密封是否完好。

（2）母线与开关连接面是否对齐，是否有变形、扭曲现象。

（3）进行螺栓紧固扭矩测试。

（4）用回路电阻测试仪测试回路电阻来确定母线与开关接触电阻；回路电阻必须满足产品技术条件要求。

（5）通过耐压试验来检测主母线安装是否完好，工频耐压检验，必须通过 42kV/1min 交流耐压试验，测试过程中，不得出现泄漏电流大、闪络、异响等现象。

（6）局部放电测量，产品装配好后，测量产品整体的局部放电值，小于技术要求规定值。

153. 固体绝缘环网柜主母线安装过程要注意哪些事项？

答：（1）保证安装时手和工具、材料的清洁。

（2）安装前一定要检查母线绝缘层是否有开裂，表面是否有损坏，绝缘塞是否完整。

154. 固体绝缘环网柜电缆终端安装前对环境有什么要求？

答：在室外制作 10kV 电缆终端与接头时，环境温度不应低于 5℃、空气相对湿度宜为 70%以下；应防止尘埃、杂物落入；严禁在雾或雨中施工；在室内施工现场应备有消防器材；室内或隧道中施工应有临时电源。

155. 固体绝缘环网柜电缆终端安装前需要做哪些准备工作？

答：（1）检查电缆附件规格同电缆是否一致。

（2）打开包装检查电缆附件配件是否齐全，检查出厂日期，检查包装（密封性），防止剥切尺寸发生错误。

（3）检查制作电缆终端头工具是否到位。

（4）将电缆从电缆室穿出，调整好电缆应力，调整好相序位置，并固定在电缆夹上。

156. 常规电力电缆的基本结构是什么？

答：电缆的内部构造及基本结构如图 4－2～图 4－7 所示。

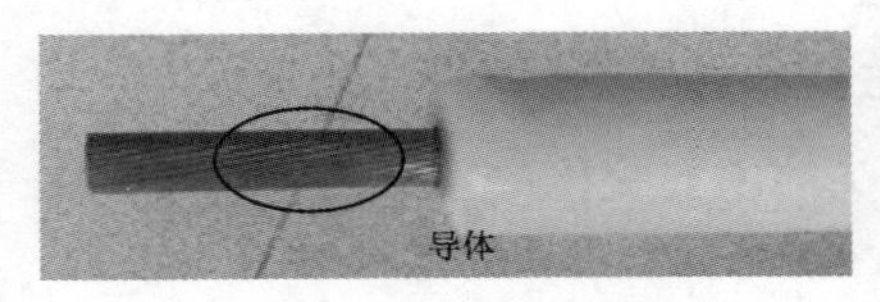

图 4-2　电缆内的导体

图 4-3　电缆内的屏蔽层

图 4-4　电缆内的屏蔽层

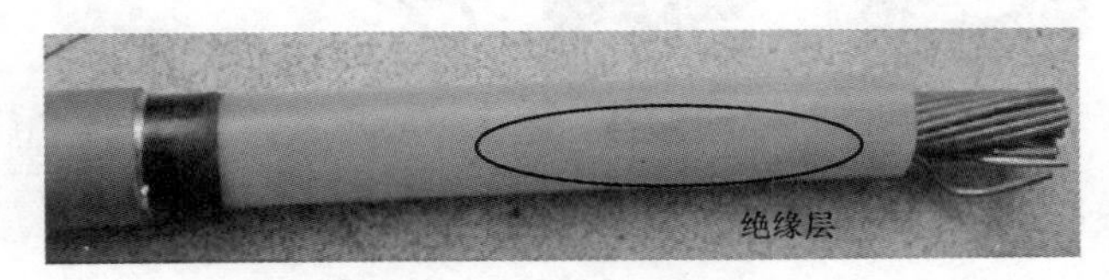

图 4-5　电缆内的绝缘层

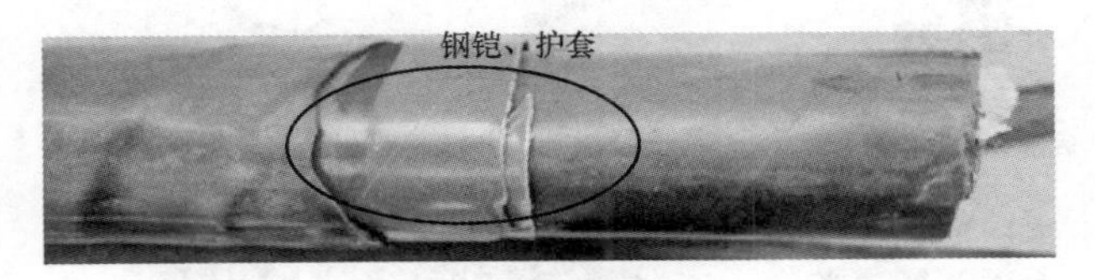

图 4-6　电缆内的护套

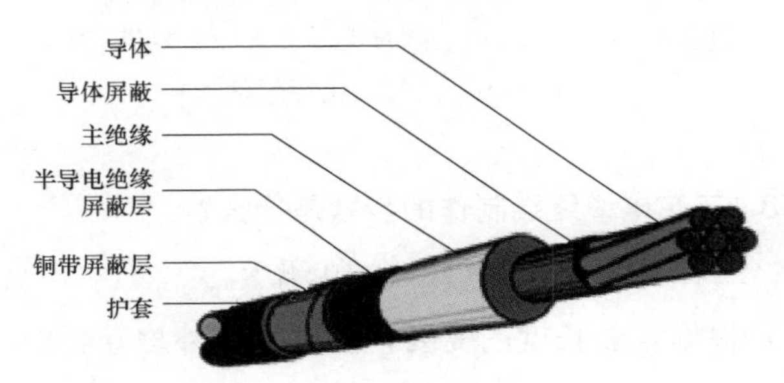

图 4-7　电缆的基本结构

157. 电缆终端有哪些主要配件？

答：电缆前接头、后接头的主要配件如图 4－8 和图 4－9 所示。

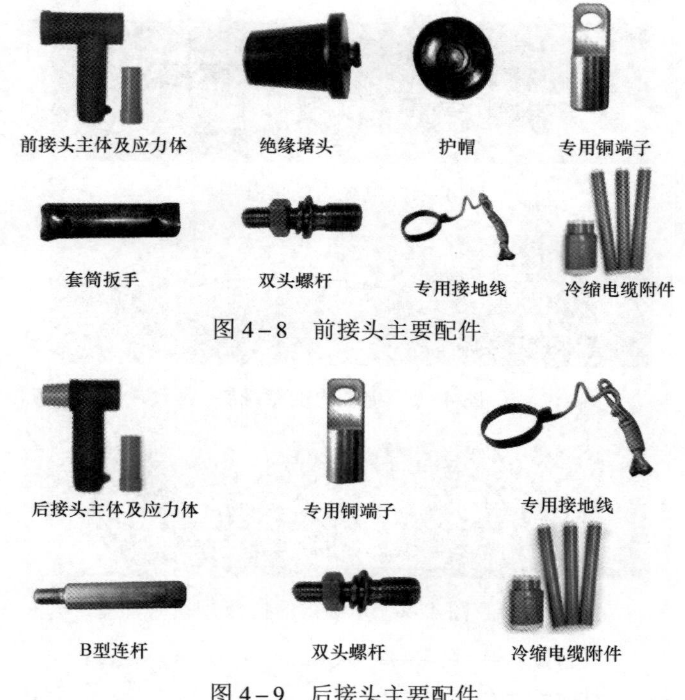

图 4－8　前接头主要配件

图 4－9　后接头主要配件

158. 三芯电缆终端制作的步骤是什么？

答：三芯电缆剥切后如图 4－10 所示。

（1）根据安装长度的需要，剥去电缆外护套长度 650～800mm，其中钢铠留 25mm 准备接地用，内护套留 10mm，以免钢铠划破铜屏蔽层和芯绝缘。

（2）清除填料。

（3）修、锉钢带铠装上的毛刺尖角。

（4）用 PVC 带临时包绕铜屏蔽带端部，将三相电缆进行整形，根据不同电缆截面，中间 B 相应锯短，使三相平齐。

冷缩附件的处理如图 4－11 所示。

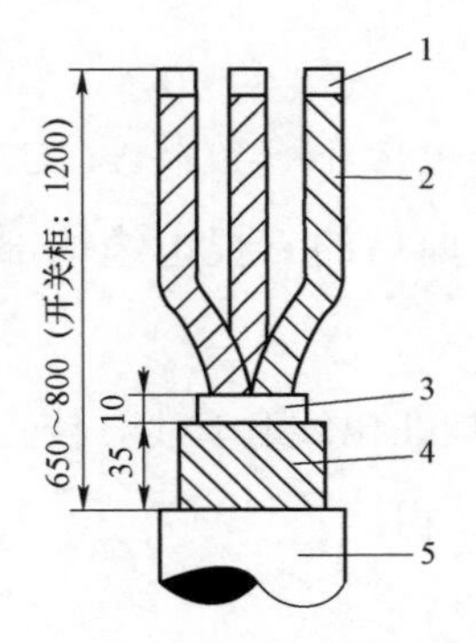

图 4－10　剥切后的电缆终端头

1—PVC 带；2—铜屏蔽；3—内护套；4—钢铠；5—外护套

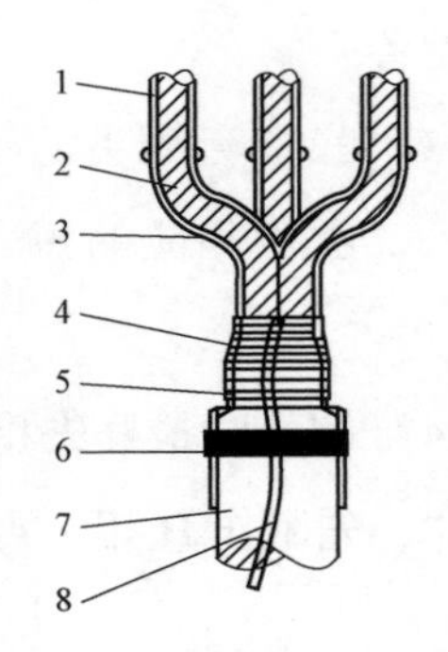

图 4－11　冷缩附件的处理

1—热缩套；2—铜屏蔽；3—套三指套处；4—铜扎线；5—钢铠；6—密封带；7—外护套；8—编织地线

（1）用铜扎线（恒力弹簧）将铜编织地线固定在铜屏蔽和钢铠上，扎紧后用锡将铜编织地线与铜屏蔽、钢铠三者焊牢在一起。

（2）从外护套切口往下 20mm 处缠绕密封带，将铜编织地线压住。

（3）将电缆制作处用清洁纸擦拭干净，去棱角、杂质后在三叉处套上三指套，包住铜扎线（恒力弹簧）、密封带等，逆时针抽掉塑料支撑条，使其自然收缩。

159. 三芯电缆终端制作应注意哪些事项？

答：（1）制作三相电缆时先固定好电缆。

（2）从三指套到电缆头根部要有足够的长度，要保持合理的半径。否则强行弯曲会造成接头变形、破坏密封、产生爬电、毁坏设备。

（3）三指套触头的三根电缆长度应不一致：A、C 两相一样长，B 相相应的短一些，使弯曲后的三根电缆端部水平一致。

（4）制作时最好先将接线端子挂在出线套管上，校正好电缆尺寸，先制作 B 相，再制作 A、C 相。

160. 固体绝缘环网柜的每相电缆终端头标准制作流程是什么？

答：电缆终端头制作如图 4－12 所示。

（1）开剥电缆，从电缆端部向下剥除 190mm 电缆外护套，从护套断口向上量取 10mm 铜屏蔽保留，其余剥除。剥去铜屏蔽带时，必须避免损伤半导电层。

（2）在铜屏蔽带上方，留下 30mm 的半导电层，其余的全部剥去，剥制时必须保持电缆绝缘层表面光滑、无伤痕、无任何残渣颗粒，注意半导电层和芯绝缘过渡处加削 2～3mm 倒角，且应整齐光滑。

（3）包绕半导电带形成台阶，注意包绕长度为40mm，包括10mm半导电层，10mm铜屏蔽层，再加上20mm绝缘管（外护套），包绕厚度为 3mm，即包绕后的直径大于外半导电层6mm，形成定位接触平台。

（4）电缆端头剥去长度为55mm的绝缘层，并在断口处倒角3mm×45°，用PVC带临时包扎电缆线芯端部，防止松散。

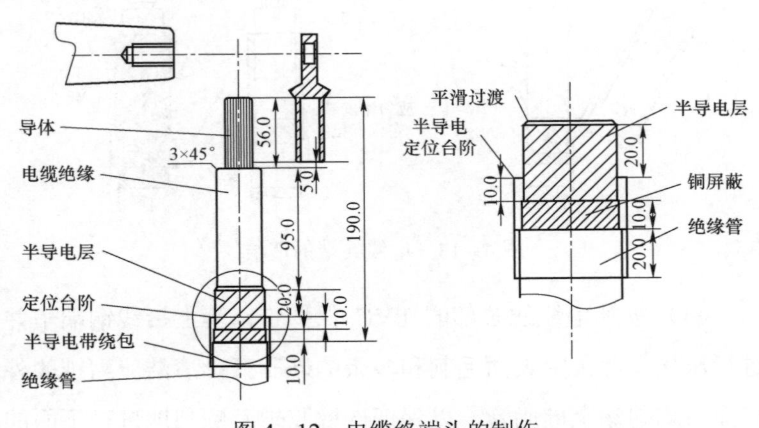

图4－12 电缆终端头的制作

161. 固体绝缘环网柜的电缆终端头在标准制作流程中如何保持清洁？

答：电缆终端头的清洁如图4－13所示。

（1）用酒精及无纺布清洁表面，待干燥后均匀涂抹硅脂在绝缘表面及应力锥内表面。

（2）注意避免涂在半导电层上。

（3）将应力锥单向套入电缆芯绝缘，在套入时，避免涂抹在绝缘层表面的硅脂蹭抹在应力锥下端内部的半导电层上，直到应力锥内部导电胶抵紧半导电带台阶为止。

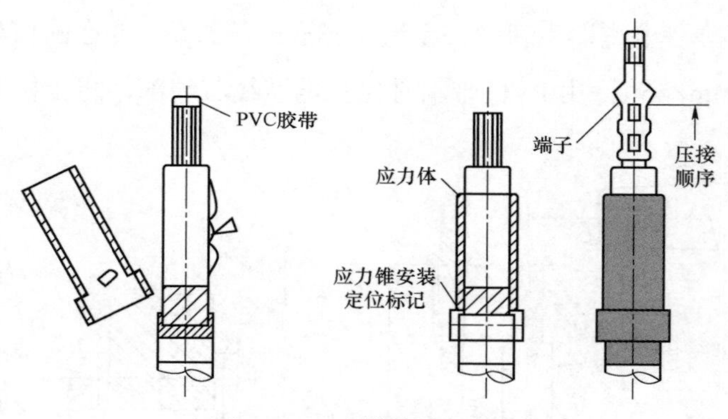

图 4－13　电缆终端的清洁

（4）去掉电缆线芯部的 PVC 保护带，套上接线铜端子并进行压接，并去除表面毛刺和多余的硅脂膏；清洁应力锥的外表面后均匀涂上硅脂膏，以保证硅橡胶护套顺利地进行下面的安装。

162. 电缆终端的压接螺丝松动将导致什么后果？

答：回路接触电阻增大，发热导致绝缘老化加速，造成绝缘失效。

163. 为什么要检查和去除电缆终端的毛刺、划痕等？

答：电缆终端上，每个毛刺都是一个电场集中点，当达到一定的强度，就会对周围产生放电现象，加速绝缘材料的老化，最终造成绝缘失效；而绝缘层表面的划痕，里面的气隙同样会形成较强的电场，造成空气电离，产生闪络，长时间或高电压下，造成绝缘失效，产生放电现象。

164. 什么是应力锥？其作用是什么？

答：应力锥是电缆连接装置的一个配件。在电缆终端和接头中，自金属护套边缘起绕包绝缘带，使金属护套边缘到增绕绝缘外表之间，形成一个过渡锥面的构成件称为应力锥。

应力锥的作用如下：

（1）绝缘作用。

（2）改善金属护套末端电场分布、降低金属护套边缘处电场强度且提供较大的压力，保证半导体屏蔽的严密接触。

（3）密封的作用，防止潮气及污秽进入。

165. 应力锥忘记安装时将导致什么后果？

答：（1）爬电距离以及绝缘比距减小，高电压时产生闪络放电，直至击穿，绝缘失效。

（2）局部电场比较集中，易发生放电现象，直至产品绝缘失效。

（3）密封失效，受环境的影响比较大，在受潮污秽情况下，即使电压低，也会发生绝缘击穿现象。

166. 应力锥表面为何会爬电？应如何检查、处理？

答： 应力锥表面爬电如图 4－14 所示。

图 4－14　应力锥表面爬电痕迹

应力锥表面爬电产生的原因有以下几个因素：

（1）有应力锥本体制造缺陷方面，产品变形、绝缘偏心、绝缘内有杂质、绝缘屏蔽划伤等质量问题。

（2）安装制作工艺不良方面，主要有安装尺寸控制不标准，密封不规范；电缆和应力锥表面清洁程度不够；电缆、应力锥、T 形头的半导电层搭接不好；存在有气隙等安装工艺问题。

（3）接地不良问题，接地线连接不可靠，主要有电缆的接地，T 形头的屏蔽不满足接地电阻要求。

检查方法：

（1）外观检查：检查应力锥及T形头是否装配到位；电缆是否垂直上下，是否有由于电缆变形而使应力锥和电缆产生的间隙。

（2）仪器检查：

1）停电使用电缆振荡波局部放电检测；

2）带电使用便携式局部放电仪测试。

处理方案：

（1）拆卸下电缆终端，检查电缆终端各个零部件的清洁情况。

（2）重新清洁后，检查电缆终端各个零部件的表面情况，查看是否有尖角、毛刺以及划伤，如没有上述情况，清洁后重新装配，各部件装配到位。

（3）如有尖角、毛刺或轻微损伤，使用300目以上的纱布把尖角毛刺打磨掉，有轻微损伤的，用纱布打磨损伤部位，直至清除损伤，打磨部位要和未损伤部位平滑过渡，不能出现明显的凸凹情况。

（4）损伤严重的更换新的部件。

安装质量控制：

（1）控制好产品的质量，在现场安装前，应进行附件外观检查，并使用欧姆表检测电缆附件的内屏和外屏电导率，合格后安装。

（2）使用专用的电缆制作工具（例如主绝缘剥离器、压接钳），受过培训的安装人员，按照工艺要求进行制作。

（3）装配要做到应力锥到位，电缆不受力，套管不受力，电缆固定良好，接地良好。

（4）固体绝缘环网柜底板进行封堵，防止地沟潮气进入电缆室。

167. 电缆终端的基本结构是什么？

答： 电缆终端的基本结构如图 4－15 所示，其中屏蔽层见图中 5。

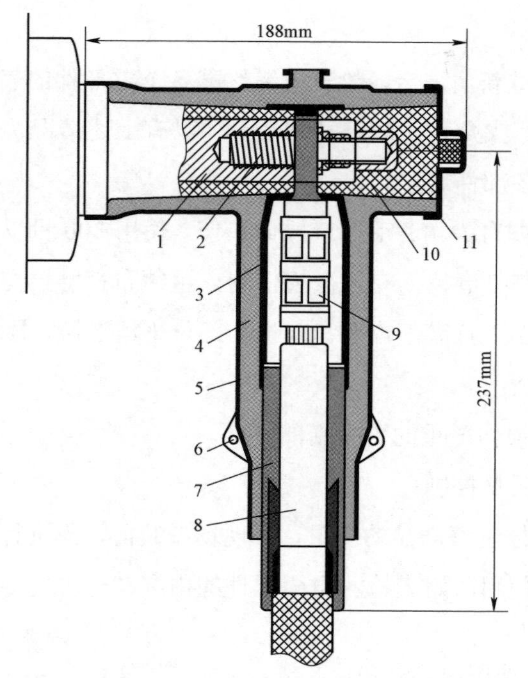

图 4－15　电缆终端的基本结构

1—630A 标准套管；2—双头螺栓；3—SIR 内均压层；4—SIR 绝缘层；5—SIR 屏蔽层；6—屏蔽层接地点；7—应力锥；8—XLPE 电力电缆；9—压接铜鼻；10—绝缘塞；11—绝缘塞屏蔽罩

168. 当固体绝缘环网柜出线端子无屏蔽层时，电缆终端与其对接的注意事项有哪些？

答： 使用屏蔽型和非屏蔽型电缆终端，在装配时工艺控制没有区别，非屏蔽型终端具有以下特点：

（1）非屏蔽型电缆终端由于没有外屏蔽，电场不均匀。

（2）电缆终端不可触摸，使用感应验电器可以测试到电压。

（3）受系统电压波动和外界环境影响比较大，相间及相对地的绝缘失效风险概率增加。

注意事项：

（1）做运行隔离措施，带电时人员无法触及终端。

（2）电缆接地、终端接地、设备外壳接地要良好。

169. 什么是电缆终端的防雨帽（电缆芯防进水措施）？

答： 防雨帽是户外电缆与架空线连接时的一个部件，主要起绝缘及防雨等密封作用。如图 4－16 所示。

图 4－16　防雨帽

170. 户外高空电缆终端未加装防雨帽时，为何能导致固体绝缘环网柜内部烧损？

答：户外高空电缆终端未加防雨帽时，雨水会通过电缆芯缝隙蔓延到另一端，如果另一端密封不严，则导致固体绝缘环网柜出线端子（出线套管）受潮而发生内部烧损故障。

171. 固体绝缘环网柜的电缆终端如何安装？

答：固体绝缘环网柜的电缆终端的安装如图 4－17 所示，安装步骤如下。

（1）将所有有关电缆终端的零部件用清洁布（纸）清洁干净。

（2）在线路侧套管的锥面上，均匀抹上硅脂。

（3）在线路侧套管上紧固 M16/M12×65 的双头螺杆。

（4）将装好应力锥的电缆从 T 形外套下端推入。

（5）把T形外套和电缆一起推入固体绝缘环网柜的线路侧套管上（螺栓和接线铜端子上的孔一定要对正再紧固），装入平垫圈、弹簧垫圈和螺母，用专用套筒扳手将螺母紧固。

（6）把 T 形外套尾端涂抹适量硅脂，旋入绝缘堵塞，用专用套筒扳手紧固。

（7）在绝缘堵塞尾部套上屏蔽封帽。

（8）连接接地线，固定接地线。

（9）按照同样方法安装其他二相电缆。

（10）固定电缆三叉部位，连接地线，做好相色标记。

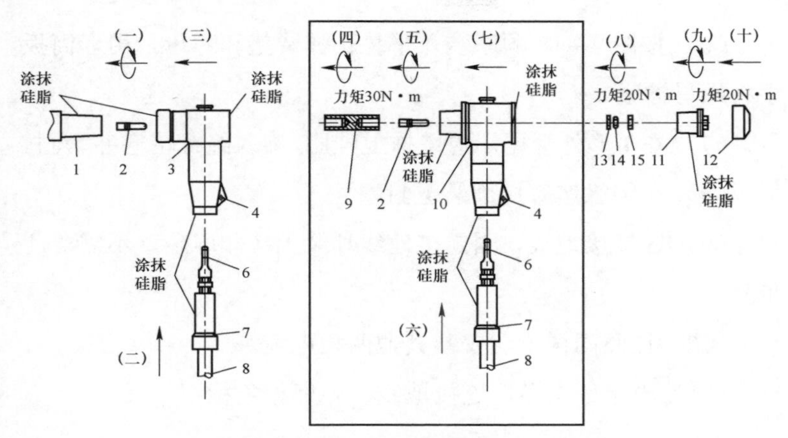

图 4－17 固体绝缘环网柜的电缆终端的安装

1—套管；2—双头螺栓；3—630A 接头；4—接地螺钉；5—螺母；6—接线端子；7—应力锥；8—电缆；9—T 接导电杆；10—630A 后插接头；11—后堵盖；12—后护帽；13—平垫；14—弹垫

172. 固体绝缘环网柜多路电缆终端的安装顺序是什么？

答：固体绝缘环网柜多路电缆终端的安装顺序如图 4－18 所示，具体步骤如下。

（1）首先固定好电缆。

（2）在前电缆终端尾部旋进 B 形连杆，用专用扳手拧紧，再紧固 M16/M12×65 的双头螺杆。

（3）按 160 条第 1～4 各项剥切电缆，套好应力锥。

（4）将装好应力锥的电缆从 T 形外套下部推入。

（5）抹好硅脂，把 T 形外套推入前电缆终端的尾部，接线铜端子套在螺杆上（螺栓和接线铜端子上的孔一定要对正再紧固）。

（6）按图 4－18 顺序装入平垫、弹簧垫和螺母，用套筒扳手将螺母拧紧。

（7）在T形外套尾端内壁抹上硅脂，旋入绝缘堵塞并紧固。

（8）在绝缘堵塞尾部装上封帽。

（9）连接接地线，固定接地线耳朵上（非屏蔽型不需要此步骤）。

（10）按照同样方法安装其他两相电缆。

（11）固定好电缆，连接地线，做好相色标记。

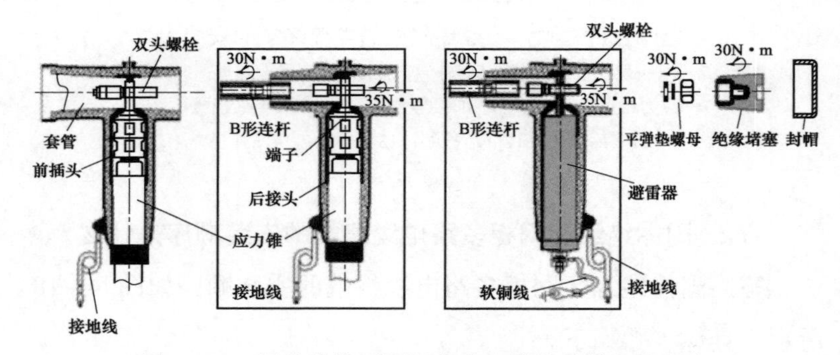

图 4－18　固体绝缘环网柜多路电缆终端的安装顺序

173. 固体绝缘环网柜电缆终端在制作安装过程中需要注意哪些事项？

答：（1）电缆端子压接时，一定要注意端子平面方向，要和线路侧“套管”的铜平面平行贴合并压紧，才能保证接触良好。接触不良的端子在通入负荷电流时，会产生过热现象，加速绝缘材料老化，最终导致绝缘失效，电缆烧损。

（2）当电缆从电缆沟穿进柜体底部时，一定要在线路侧“套管”端面的正下方垂直进入，不能让电缆下部倾斜，倾斜的电缆会使出线端“套管”承受应力。长时间承受应力可能使套管产品产生裂痕，导致绝缘失效，电缆烧损。

（3）如果要做高压交接试验，一定要让带电指示器短路并接地，否则会烧坏带电显示器或使电压加不上去。

（4）安装有避雷器接头的固体绝缘环网柜，做高电压交接试验时，一定要先把避雷器卸下，否则会烧坏避雷器。

（5）前后插电缆安装时，大截面的电缆一般先装在线路侧的套管上，小截面的电缆再安装在后边，遵循先大后小的原则进行安装。

174. 固体绝缘环网柜电缆终端头制作完成后，送电前的检查工作有哪些？

答：（1）对照图纸要求检查配置，要求实物和图纸相符合。

（2）电缆终端头检查：电缆终端头接地系统要接好且牢固，电缆固定要保持电缆自然、固定牢靠，电缆仓底盖板要盖好、周围要密封，预留开关位置出线绝缘子应该有黑色带屏蔽堵帽。

（3）配置检查：检查故障指示器（如有）是否安装好，检查电流、电压互感器（如有）是否安装好，检查避雷器（如有）是否安装好（注意避雷器耐压试验要和电缆分开做）。

（4）如果没有问题，把电缆室门关上，可以开始通电工作。

175. 固体绝缘环网柜在现场安装有哪些要求？

答：（1）安装基础制作：按照设计图纸要求制作安装基础，一般要求基础尺寸大于户外柜尺寸 100mm 以上；台阶、横梁等为钢筋混凝土，要求台阶水平、可均匀承重；在基础中预埋 10 号槽钢，电缆井及盖板可根据实际情况制作，需考虑防水、通风，电缆井需考虑排水，地基上表面应保证 1.5mm/m²的水平度。

（2）固体绝缘开关设备安装：将环网柜吊至安装基础上，水平放置在基础上，找正后与基础槽钢固定牢固；柜体应满足垂直度小于 1.5mm/m；相邻两柜顶部水平误差小于 2mm，成列柜顶部小于 5mm；相邻两柜边盘面误差小于 1mm，成列柜面小于 5mm，柜间接缝小于 2mm。

（3）固体绝缘开关设备接地：开关柜的壳体一定要与接地网可靠连接，焊接部位应进行防锈防腐处理。接地电阻应符合规程要求，一般为 $R \leqslant 4\Omega$。

176. 固体绝缘环网柜现场安装应注意哪些事项？

答：（1）固体绝缘开关设备采用吊装形式，平稳放置在地基上。

（2）固体绝缘开关设备吊装前，应仔细检查吊装柱有无异常，吊装时应采用四点吊装以免发生倾斜或侧翻。

（3）要求基础水平且有足够的负重能力。

（4）电缆井的深度必须大于进线电缆的弯曲半径，且便于施工。

177. 固体绝缘环网柜现场安装有哪些步骤?

答:(1)现场就位及接地制作。将固体绝缘开关设备安装到事先预制好的水平基础上,安装牢固,做好接地。

(2)安装前检查。检查开关外观,一、二次电源,开关位置以及分合闸开关等。

(3)制作及安装电缆终端头。

(4)防火封堵。采用防火泥将电缆室内缝隙处进行封堵,开关柜体与电缆沟之间的缝隙处采用防火泥封堵。

(5)元器件安装。电缆室内的相关元器件安装,按照要求安装故障指示器、电流互感器等。

(6)安装后检查。安装完毕后检查各元器件是否紧固,接地是否良好,关闭仓门,将接地开关的闸刀断开,固体绝缘开关设备现场安装完毕。

178. 固体绝缘环网柜安装完毕后应做哪些检查工作?

答:(1)检查铭牌上的数据。

(2)检查控制回路线路及电压。

(3)清除由于安装工作带到设备上的灰尘。

(4)取走不再需要的说明、小册子和数据。

(5)取走安装现场所有不再需要的工具和零部件。

(6)检查安装现场的布线。

179. 户外箱内固体绝缘环网柜安装有哪些要求？

答：（1）安装基础制作：按照设计图纸要求制作安装基础，一般要求基础尺寸大于户外柜尺寸 100mm 以上；台阶、横梁等为钢筋混凝土，要求台阶水平、可均匀承重；在基础中预埋 10 号槽钢，电缆井及盖板可根据实际情况制作，需考虑防水，电缆井需设置排水装置，地基上表面应保证不大于 $1.5mm/m^2$ 的水平度。

（2）环网柜安装：将环网柜吊至安装基础上，水平放置在基础上，将槽钢与环网柜焊接牢固。

（3）环网柜接地：将接地扁钢引入柜体，与环网柜接地排螺栓相连，接地电阻不大于 4Ω。

180. 户内固体绝缘环网柜安装有哪些要求？

答：（1）按单元柜的柜宽及排列数量制作基础长度，在基础中预埋 10 号槽钢，电缆井及盖板可根据实际情况制作，需考虑防水，电缆井需设置排水装置，地基上表面应保证不大于 $1.5mm/m^2$ 的水平度。

（2）环网柜安装：将环网柜吊至安装基础上，水平放置在基础上，将槽钢与环网柜焊接牢固。

（3）环网柜接地：将接地扁钢引入柜体，与环网柜接地排螺栓相连，接地电阻不大于 4Ω。

（4）柜面前的操作距离大于 1000～1200mm，柜后距墙面不小于 600mm，两侧不小于 1000mm。

181. 固体绝缘环网柜现场安装时应注意哪些事项？

答：（1）环网柜采用吊装形式，平稳放置在地基上。

（2）环网柜吊装前，应仔细检查吊装柱有无异常，吊装时应采用四点吊装以免发生倾斜或侧翻。

（3）要求基础水平且有足够的负重能力。

（4）电缆井的深度必须大于进线电缆的弯曲半径，且便于施工。

182. 固体绝缘环网柜现场安装时的具体步骤有哪些？

答：（1）根据一次排列图将环网柜安装到事先预制好的水平基础上，安装牢固，做好接地。

（2）安装主母线时，打开主母线隔室进行安装，连接母线的接触面应平整、无污物，紧固螺栓应按标准的扭力进行紧固连接，检测母线的回路电阻是否满足要求，如果是全绝缘的主母线形式，则主母线外屏蔽绝缘层应可靠接地。

（3）检查环网柜外观，一、二次电源，开关位置以及分、合闸开关等。

（4）环网柜应可靠接地，并对接地回路进行检查。

（5）制作及安装电缆终端头；在进行前后插电缆安装时，大截面的电缆一般先用前接头直接装在开关柜的套管上，小截面的电缆用后接头安装在后边，遵循先大后小的原则进行安装。

（6）连接好各柜之间的二次线（控制电源线、各柜之间的联锁线、信号线、遥测、遥控线等）。

（7）采用防火泥将电缆室内缝隙处进行封堵，环网柜体与电缆沟之间的缝隙处采用防火泥封堵；防止电缆沟的水汽进入柜内，避免由于湿度、温差产生的凝露现象。

（8）电缆室内的相关元器件安装，按照要求安装故障指示器、电流互感器等。

（9）做好各单元柜进出电缆线的核相工作，防止相序错误的发生。

（10）调试时按环网柜使用说明及柜内各元器件的说明进行调试。尤其注意保护电流整定值的整定是否满足上下级对保护时间配合的要求。

（11）安装调试后，将各自开关元件及防误操作机构进行 5 次操作，未发现异常现象后，即可认为开关机械操作正常。

（12）安装完毕后检查各元器件是否紧固，接地是否良好，关闭柜门，将接地开关的闸刀断开，环网柜现场安装完毕。

验收、运维与检修

183. 固体绝缘环网柜在开箱验收时检查项目有哪些？

答：（1）检查产品铭牌、安装地点是否和要求一致。

（2）装箱清单上的配件规格、数量和实物是否一致。

（3）产品包装箱是否有损坏。

（4）随产品的技术资料及合格证是否齐全。

184. 固体绝缘环网柜运行前外观结构如何检查？

答：（1）柜体的长、宽、高应符合设计规范要求，对角线误差不得超过 3mm。

（2）柜体的防护等级应符合 IP4X 要求，即直径 1mm 的圆棒应不能进入其内。

（3）拼柜孔、安装孔开孔位置应正确、规范。

（4）拼柜组装用螺栓应加弹簧垫圈，拧紧。

（5）所有的柜门应开合灵活，无卡阻现象，开启角度不小于 90°，柜门与柜体应有接地软连接。

（6）柜体喷涂色标应符合要求，不得有明显色差，柜体表面不得有污斑、划伤、掉漆等现象。

185. 固体绝缘环网柜运行前如何进行标志、相序的检查？

答：（1）主回路相序应正确，主接地标志应贴牢、清晰。

（2）柜内的元器件型号、规格应符合制造规范图样要求，编号应与电气接线图一致，操作标签应贴得正确、整齐、牢固。

（3）产品铭牌的安装应平整规范，标注内容应清晰、正确。

186. 固体绝缘环网柜运行前如何进行主回路的检查？

答：检查主回路接线及电流互感器、电压互感器的变比等级等应符合设计要求。

187. 固体绝缘环网柜运行前如何进行二次接线检查？

答：（1）二次回路使用的电流、电压表，继电器等元件型号、规格应符合设计规范，安装应牢固。

（2）二次回路的电气传动应正确、可靠，指示仪表指示正确，开关动作应正确，开关操作时，继电器不应误动。

188. 固体绝缘环网柜运行前如何进行机械操作试验（通电动作）？

答：（1）用操作手柄对断路器或负荷开关进行分、合 5 次，动作应灵活、可靠，无卡阻及操作力过大等现象。

（2）在额定工作电压下，断路器或负荷开关进行电动合、分 5 次，动作应准确、可靠。

（3）在 85%～120%的额定工作电压下，开关应能可靠分、合闸。

（4）在 DC 65%～110%或 AC 85%～110%的额定工作电压下，开关应能可靠分闸，上述试验，各试验 3 次。30%电压以下不能动作。

（5）各指示、灯光、信号回路电气传动的指示都应准确、可靠。

（6）保护回路电气传动应正确、可靠，不应有误动作。

（7）具有电气联锁的回路动作应准确、可靠，不同柜间的联锁应进行模拟联锁试验。

189. 固体绝缘环网柜运行前如何进行五防闭锁试验？

答：（1）当断路器、负荷开关处于合闸位置时，隔离、接地开关均不能操作。

（2）上隔离及下隔离的五防闭锁见第17问。

（3）隔离、接地开关应先行隔离合闸后，主开关才能进行操作；主开关分闸后，隔离、接地开关方能操作。

（4）只有在出线侧处于接地状态，电缆室门才能打开。

（5）电缆室门打开后，主开关和接地开关均无法操作。

190. 固体绝缘环网柜运行前如何进行主回路电阻测试？

答：用回路电阻测试仪对主回路电阻进行测量，测得的电阻值应不大于技术规范中相应的数值，各测3次，取最大值。

191. 固体绝缘环网柜运行前如何进行保护电路接地连续性检验？

答：如果对某个接地连接的连续性有怀疑，应从该接地连接到规定的接地点间通以直流30A电流来验证，电压降不得超过3V。

192. 固体绝缘环网柜耐压试验前应做哪些保护措施?

答：带电显示器及电流互感器低压侧都应做接地保护。

193. 固体绝缘环网柜运行前如何进行工频耐压试验?

答：加压前先用2500V绝缘电阻表，对施压部分进行绝缘测试，测得的结果应满足制造厂规定。进行加压试验，在加压过程中，不应发生击穿、闪络、试验电压突然下降等现象。

194. 什么是环境温度?

答：环境温度一般指空气温度的平均值，是在标准的百叶箱中离地1m处采集的温度值。

195. 夏季阳光直射（或冬季）的金属或水泥地、石头等表面温度是否代表环境温度?

答：否，它是物体的表面温度，可能与环境温度相差的较多。

196. 固体绝缘环网柜的常规运行环境温度是如何规定的?

答：最高温度不超过+40℃；最低温度不低于−25℃。

197. 环境温度超出固体绝缘环网柜使用条件规定的环境温度怎么办?

答：① 改变固体绝缘环网柜运行地点的环境温度（如加

装空调)；② 降低固体绝缘环网柜额定工作电流，即降容使用。

198. 当地气象台预告的最高温度和最低温度是否为当地的环境温度？

答：是，也即环网柜运行的环境温度。

199. 固体绝缘环网柜的最低运行温度是多少？在低温下进行分、合闸操作，容易出现裂纹吗？

答：固体绝缘环网柜最低运行温度为-40℃。

在低温试验后，操作没有出现裂纹且试验前后的局部放电值变化不大，如表5-1所示。

表5-1　低温试验前、后状态

序号	试品编号	试验前		试验后		
		起弧电压（kV）	熄弧电压（kV）	起弧电压（kV）	熄弧电压（kV）	产品是否开裂
1	RA16X1838-01	22	20	20	18	没有开裂
2	RA16X1838-02	21	20	20	18	没有开裂
3	RA16X1838-03	18	17	17	16	没有开裂

200. 固体绝缘环网柜的常规运行环境湿度是如何规定的？

答：日平均相对湿度：≤95%；

月平均相对湿度：≤90%；

日平均蒸汽压：≤2.2×10^{-3}MPa；

月平均蒸汽压：≤1.8×10^{-3}MPa。

201. 蒸汽压与大气压是不是一个概念？

答：不是一个概念，由于地球周围大气的重力而产生的压强，叫大气压。一定条件下，液体气化能形成的最多含量的气态分子对液体产生的压强称为饱和蒸汽压，简称蒸汽压。

202. 环境湿度达到95%时是什么概念？

答：当环境温度较高（40℃）、环境湿度达到 95%时，室内空气中水汽含量接近饱和，人体的感觉是胸闷，烦躁，由于湿度大，人体排汗困难，体温升高，如同在蒸桑拿，时间如过长，引起中暑。

203. 什么是凝露？凝露有什么危害？

答：柜体内壁表面温度下降到露点温度以下时，内壁表面会发生水珠凝结的现象，这个现象称之为凝露。

凝露的危害：

（1）操动机构锈蚀。发生凝露后，会增强电腐蚀，导致设备本体锈蚀腐蚀严重，接地线锈蚀断开，操动机构生锈拒动等故障，降低了环网柜的使用寿命。

（2）二次回路短路。凝露情况使二次系统的电腐蚀增强，绝缘强度降低，容易发生短路现象，进而造成误动（误分和误合）出现。

204. 海拔对固体绝缘环网柜有什么影响？

答：固体绝缘环网柜中任何一次带电部分均密封处理，达到 IP67 防护等级，所有暴露在空气中的绝缘部分都进行了表面金属化处理及接地，不存在外绝缘的问题，故高海拔对绝缘无影响。

205. 地震烈度与地震等级是不是同一概念？

答：不是同一概念。从概念上讲，地震烈度同地震震级有严格的区别，不可互相混淆。震级代表地震本身的大小强弱，它由震源发出的地震波能量来决定，对于同一次地震只应有一个数值。烈度在同一次地震中是因地而异的，它受着当地各种自然和人为条件的影响。对震级相同的地震来说，如果震源越浅，震中距越短，则烈度一般就越高。同样，当地的地质构造是否稳定，土壤结构是否坚实，房屋和其他构筑物是否坚固耐震，对于当地的烈度高或低，有着直接的关系。

206. 固体绝缘环网柜的抗地震性能采用的是地震烈度还是地震等级？规定值为多少？

答：采用的是地震烈度；规定值为不超过 8 度。

207. 地震烈度为 8 度时是什么概念？

答：建筑物破坏——房屋多有损坏，少数破坏，路基塌方，地下管道破裂。

208. 超出环境要求如何处理？

答：周围空气明显地受到尘埃、烟、腐蚀性、可燃性气体、蒸气或盐雾的污染，超出环境要求时需与生产厂方协商解决。

209. 固体绝缘环网柜运行需哪些条件？

答：（1）制造厂给出的说明书。

（2）设备的一般说明，要特别注意它的特性和运行的技术说明，使用户充分了解所涉及的主要原理。

（3）设备安全性能以及联锁和挂锁操作的说明。

（4）和运行有关的，为了对设备进行操作、隔离、接地、维修和试验所采取的行动的说明。

210. 固体绝缘环网柜维护项目有哪些？

答：制造厂应给出维护工作内容的说明、操作次数、运行时间或其他合适的判据。在达到上述规定的操作次数或运行时间后设备的某些零件应检修或更换。

操动机构应给出以下内容：

（1）维护、检修周期及需临时检修的判据。

（2）维护、检修的程序及应注意事项。

（3）主要部件的调整值及误差范围。

仪表、继电保护等二次回路及辅助设备应给出以下内容：

（1）单个组件特性的出厂试验记录。

（2）提示需要定期检查的部分。

电气连接应给出以下内容：

（1）电气连接处应采取防电化学腐蚀措施。

（2）应进行定期检查的部位。

（3）检修的工艺流程。

对环境的适应性应给出以下内容：

（1）必须具备的环境条件。

（2）关于保持清洁和防止腐蚀方法的有关说明。

零、配件应给出以下内容：

（1）随带的易损易耗零部件品种及数量的清单。

（2）维护检修中常用零部件的图表，其内容包括零部件名称、应储数量、制造厂图号（或备件编号）及安装使用的部位。

专用工具应给出以下内容：

（1）应注明几台同类设备需备有一套专用工具。

（2）随设备所带专用工具的品种、数量清单，清单中包括工具名称、制造厂图号（或编号）以及各工具的使用方法。

211. 固体绝缘环网柜送电操作规程有哪些？

答：上隔离结构的固体绝缘环网柜送电规程：

（1）确认电缆舱门已关好，操作主开关至分闸位置。

（2）操作接地开关至分闸位置。

（3）合隔离开关，并通过观察窗确认隔离开关处于合闸位置。

（4）合主开关，送电完成。

下隔离结构的固体绝缘环网柜送电规程：

（1）确认电缆舱门已关好，操作接地开关操作至分闸位置。

（2）确认主开关在分闸位置。

（3）合隔离开关，并通过观察窗确认隔离开关处于合闸位置。

（4）合主开关，送电完成。

212. 固体绝缘环网柜停电操作规程有哪些？

答：上隔离结构的固体绝缘环网柜停电规程：

（1）分主开关。

（2）分隔离开关，并通过观察窗确认隔离开关处于分闸位置。

（3）操作接地开关至预接地位置（此时未实际接地）。

（4）操作主开关至合闸位置，此时出线侧实际接地，停电完成，可以打开电缆舱门进行维护。

下隔离结构的固体绝缘环网柜停电规程：

（1）分主开关。

（2）分隔离开关，并通过观察窗确认隔离开关处于分闸位置。

（3）操作接地开关至合闸位置，出线侧接地。

（4）停电完成，可以打开电缆舱门进行维护。

213. 固体绝缘环网柜停、送电操作规程有哪些注意事项？

答：（1）主开关合闸后不得强行操作隔离开关。

（2）电缆带电时禁止打开电缆室门。

（3）确认线路无故障后才能进行送电操作。

（4）请操作人员严格按规程操作或遵循当地相关部门的送、停电的操作规程。

214. 固体绝缘环网柜的接地需要注意哪些事项？

答：（1）为保证维修工作的安全，主回路应接地。另外，在外壳打开以后的维修期间，必须将主回路连接到接地极。

（2）柜体上应有截面积不小于 165mm² 的接地铜排，并带有各柜间连接用的铜排连接板。

（3）外壳应接地。凡不属于主回路或辅助回路的且需要接地的所有金属部分都应接地。外壳、构架等应能保证紧固连接，以确保电气上接地的连续性。

（4）接地回路应能承受动、热稳定试验。接地点的接触面和接地连线的截面积应能安全地通过故障接地电流。紧固接地的螺栓直径不得小于 10mm，接地点应标以接地符号。

215. 固体环网柜寿命终止后的回收措施有哪些？

答：（1）开关柜中的铜、铝、铁等金属材料、塑料和橡胶均可以回收。

（2）压碎互感器和传感器的环氧树脂绝缘层后可以回收其中的铜。

（3）固体绝缘环网柜内的环氧树脂不容易降解，建议集中存放，统一处理。

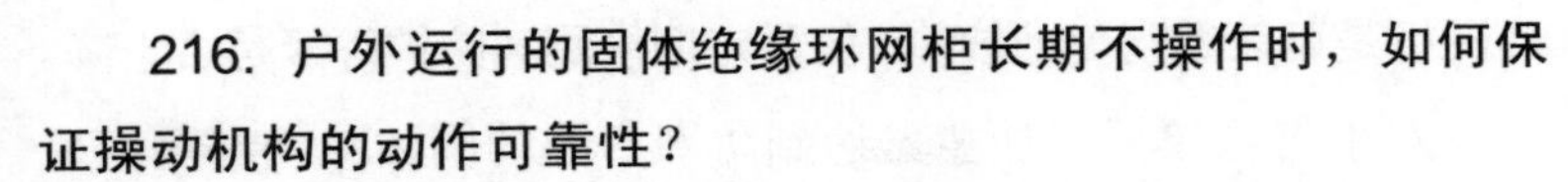

216. 户外运行的固体绝缘环网柜长期不操作时，如何保证操动机构的动作可靠性？

答：一般操动机构防护等级达到IP65，密封程度可防止水气和污秽进入，可以解决锈蚀、腐蚀问题，不会出现腐蚀卡涩等问题。同时盐雾试验应要求包括操动机构。

机构润滑油应选择耐高、低温的润滑油。

如在寒冷地区运行，当采用油缓冲，其缓冲器内的液压油应选择耐低温型。

217. 在凝露、污秽严重地区长期运行的固体绝缘环网柜如何确保安全可靠？

答：在凝露、污秽严重地区长期运行的固体绝缘环网柜，必须进行高温试验、盐雾试验、高低温循环试验及凝露试验，以此确保固体绝缘环网柜长期运行的可靠性。

218. 固体绝缘环网柜在施工质量控制等方面与其他类型环网柜相比有什么特殊的吗？

答：一般情况下，固体绝缘环网柜与其他形式的环网柜施工质量控制基本一样。但在高原区域，固体绝缘环网柜不用考虑壳体承受气体的压力变化。

219. 固体绝缘环网柜在实际运行中能否真正做到免维护，对于运行单位需要注意什么？

对于机构箱采用充干燥气体，并达到IP67等级的固体绝缘环网柜是可以做到免维护的，但需定期检测其防护等级是否下降。

对于机构箱采用加热器达到防潮目的的固体绝缘环网柜，在维护过程中需要确保加热器能够正常工作，同时建议对柜体展开周期性的局放检测。

220. 固体绝缘环网柜在检修哪些设备时，需要停运上一级电源？

答： 检修进线柜、联络柜、母线电压互感器柜及计量柜时需要停运上一级电源。

221. 在雨天可以对户外安装的固体绝缘环网柜进行操作吗？

答： 目前固体绝缘环网柜接地连续性是可靠的，主开关模块防护等级已达到 IP67（可防尘和短时浸水），对操作不会产生影响，但操作应遵守和注意安规的规定。

222. 固体绝缘环网柜的定期巡视项目有哪些？

答： 固体绝缘环网柜的定期巡视项目如表 5－2 所示。

表 5－2　　固体绝缘环网柜的定期巡视项目

序号	检查项目	标　准
1	标志牌	名称、编号齐全、完好
2	外观检查	无异声、无过热、无变形等异常
3	表计	指示正常

续表

序号	检查项目	标　　准
4	操作方式切换开关	正常在“远控”位置
5	操作把手及闭锁	位置正确、无异常
6	高压带电显示装置	指示正确
7	位置指示器	指示正确
8	电源小开关	位置正确

223. 固体绝缘环网柜的外壳需要做通风散热措施吗？为什么？

答：额定电流为1250A及以下的固体绝缘环网柜，电流比较小，发热较轻，故不需采取通风散热措施。

224. 固体绝缘环网柜送电后带电显示器灯不亮的原因是什么？

答：（1）打开上面板，检查带电显示器二次线是否脱落。

（2）打开电缆仓门，检查套管上的连接带电显示器的二次线是否有虚接。

（3）用低电压检查（一般2000V）带电显示器是否损坏。

（4）凝露的原因，接线端子上有水珠，造成二次端子短路。

附录A　局部放电测试方法及原理

局部放电是在高电场强度作用下，在绝缘体电气强度较低的部位发生的。它可以表现为绝缘内气体掺入物的击穿、小范围内固体介质局部的沿面放电等。产生局部放电的条件取决于绝缘装置中的电场分布及绝缘的电气强度等。

局部放电一般不会引起绝缘的穿透性击穿，但是可以导致电解质的局部损坏。若局部放电长期存在，则在一定条件下可能造成绝缘装置电气强度的破坏。

发生局部放电说明电介质在局部地点不够均匀。因此记录局部放电的特性，就可能评价各种绝缘装置的制造质量，并能揭示其局部缺陷。这些局部缺陷，实际上不可能用普通高压试验或测量绝缘的某些特性来确定。因此需要特殊的测试方法来测量局部放电。

目前特殊的局部放电测试可分为电测法和非电测法两大类：

一、电测法

局部放电最直接的现象即引起电极间的电荷移动。每一次局部放电都伴有一定数量的电荷通过电介质，引起试样外部电极上的电压变化。另外，每次放电过程持续时间很短，在气隙中一次放电过程在 10ns 量级；在油隙中一次放电时间也只有

1μs。根据 Maxwell 电磁理论，如此短持续时间的放电脉冲会产生高频的电磁信号向外辐射。局部放电电检测法即是基于这两个原理。常见的检测方法有脉冲电流法、特高频法、暂态地电压法、无线电干扰电压法、介质损耗分析法等。

1. 脉冲电流法

脉冲电流法是一种应用最为广泛的局部放电测试方法。脉冲电流法的基本测量回路见附图 A－1。图中 C 代表试品电容，Z_m（Z_m）代表测量阻抗，C_k 代表耦合电容，它的作用是为 C_x 与 Z_m 之间提供一个低阻抗的通道。Z 代表接在电源与测量回路间的低通滤波器，Z 可以让工频电压作用到试品上，但阻止被测的高频脉冲或电源中的高频分量通过。

附图 A－1（a）为并联测量回路，试验电压 U 经 Z 施加于试品 C_x，测量回路由 C_k 与 Z_m 串联而成，并与 C_x 并联，因此称为并联测量回路。试品上的局部放电脉冲经 C_k 耦合到 Z_m 上，经放大器 A 送到测量仪器 M。这种测量回路适合于试品一端接地的情况，在实际工作中应用较多。

附图 A－1（b）为串联测量回路，测量阻抗 Z_m 串联接在试品 C_x 低压端与地之间，并经由 C_k 形成放电回路。因此，试品的低压端必须与地绝缘。

附图 A－1（c）为桥式测量回路，又称平衡测量回路。试品 C_x 与耦合电容 C_k 均与地绝缘，测量阻抗 Z_m 与 Z_m 分别接在 C_x 与 C_k 的低压端与地之间。测量仪器 M 测量 Z_m 与 Z'_m 上的电压差。

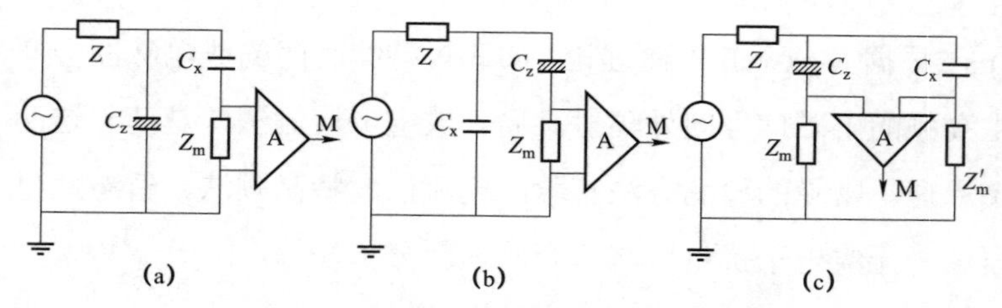

附图 A－1　测量局部放电的基本回路

（a）并联测量回路；（b）串联测量回路；（c）桥式测量回路

2. 特高频法（UHF）

电力设备绝缘体中绝缘强度和击穿场强都很高，当局部放电在很小的范围内发生时，击穿过程很快，将产生很陡的脉冲电流，其上升时间小于 1ns，并激发频率高达数吉赫兹的电磁波。特高频局部放电检测的基本原理是通过特高频传感器对电力设备中局部放电时产生的特高频电磁波（频率为 300MHz～3GHz）信号进行检测，从而获得局部放电的相关信息，实现局部放电检测。由于现场的电晕干扰主要集中在 300MHz 频段以下，因此特高频法能有效地避开现场的电晕等干扰，具有较高的灵敏度和抗干扰能力，可实现局部放电带电检测、定位以及缺陷类型识别等优点。

对环网柜而言，特高频传感器的检测点为环网柜的缝隙处、观察窗、散热孔等。

3. 暂态地电压法（TEV）

暂态地电压检测原理：电气设备发生局部放电时，放电点产生高频电流波，并向两个方向传播；受集肤效应的影响，电流波仅集中在金属柜体内表面传播，而不会直接穿透；在金属断开或绝缘连接处，电流波转移至外表面，并以电磁波形式进入自由空间；电磁波上升沿碰到金属外表面，会产生暂态对地电压（Transient Earth Voltage），如附图 A－2 所示。通过电容耦合原理传感器（简称 TEV 传感器）测出暂态地电压的幅值。

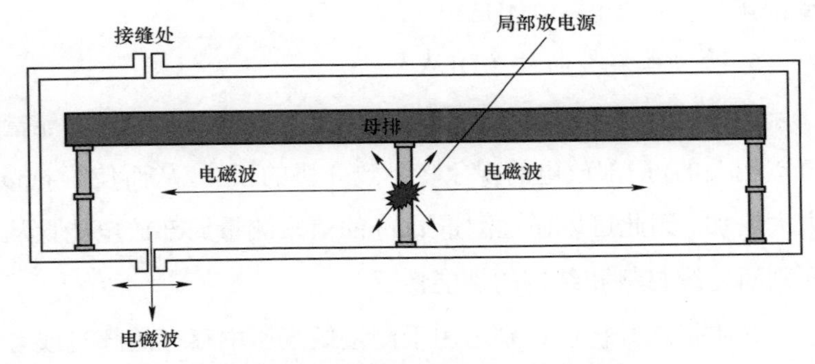

附图 A－2　测量局部放电的基本回路

暂态地电压的幅值与放电量和传播途径衰减程度有关；利用装设在金属柜体外表面上的两个 TEV 传感器所测量的信号到达时差，可以实现粗略的局部放电定位。检测过程中应确保传感器与环网柜金属面板紧密接触，传感器应尽量靠近观察窗、通风百叶等局部放电信号易泄漏部位的金属面板上。

4. 无线电干扰电压法（RIV）

无线电干扰电压法，包括射频检测法，最早可追溯到 1925 年，Schwarger 发现电晕放电会发射电磁波，通过无线电干扰电压表可以检测到局部放电的发生。国外目前仍有采用无线电干扰电压表检测局部放电的运用，在国内，常用射频传感器检测放电，故又叫射频检测法。较常用射频传感器有电容传感器、

Rogowski 线圈电流传感器和射频天线传感器等。

RIV 方法能定性检测局部放电是否发生，甚至可以根据电磁信号的强弱对电机线棒和没有屏蔽层的长电缆进行局部放电定位；采用 Rogowski 线圈传感器也能定量检测放电强度，且测试频带较宽（1～30MHz）。

5. 介质损耗分析法（DLA）

局部放电对绝缘材料的破坏作用是与局部放电消耗的能量直接相关的，局部放电的现象将导致介质的损坏，从而使得 $\tan\delta$ 大大增加。因此可以通过测量 $\tan\delta$ 的值来测量局部放电能量从而判断绝缘材料和结构的性能情况。

介质损耗分析法特别适用于测量低气压中存在的辉光或者亚辉光放电。由于辉光放电不产生放电脉冲信号，而亚辉光放电的脉冲上升时间太长，普通的脉冲电流法检测装置中难以检测出来。但这种放电消耗的能量很大，使得 $\tan\delta$ 很大，故只有采用电桥法检测 $\tan\delta$ 才能判断这种放电的状态和带来的危害。但是，DLA 方法只能定性的测量局部放电是否发生，基本不能检测局部放电量的大小，这限制了 DLA 方法的运用。

二、非电检测法

1. 超声波法测试局部放电

利用测超声波检测技术来测定局部放电的位置及放电程度，这种方法较简单，不受环境条件限制，但灵敏度较低，不能直接定量。超声波测量方法常用于放电部位确定及配合电测法的补充手段。但声测法有它独特的优点，即它可在试品外壳表面不带电的任意部位安置传感器，可较准确地测定放电位置，且接收的信号与系统电源没有电的联系，不会受到电源系统的电信号的干扰，因此进行局部放电测量时，以电测法和声测法同时运用。两种方法的优点互补，再配合一些信号处理分析手段，则可得到很好的测量效果。

当设备内部有故障放电时（几千到几万皮库），这时利用电信号作为仪器触发信号，也即以电信号作为时间参考零点，然后以 1～3 个通道采集声信号，仪器 A/D 采样频率可选在 500kHz 或 1MHz 并移动传感器位置，使能有效地测到超声信号，见附图 A－3。测得电信号与声信号的时间差 Δt 就可计算出放电点与传感器的位置的距离，$s=v\Delta t$，一般计算取 $v=1.42\text{mm/μs}$。

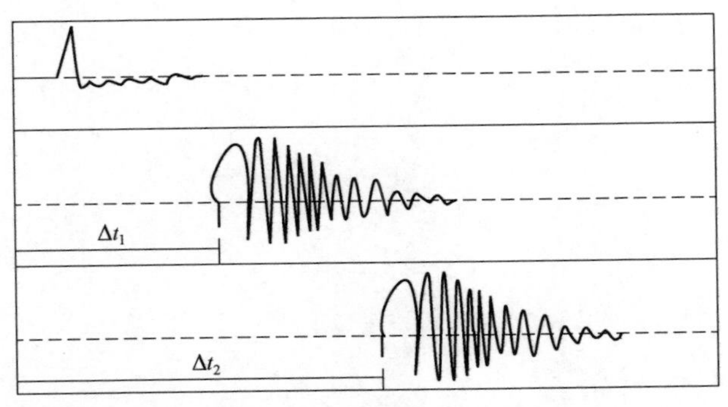

附图 A－3　超声测量信号波形

2. 光检测法

对于绝缘内部的局部放电，只有透明介质才宜用光检测法，例如聚乙烯绝缘电缆芯通过水介质扫描用光电倍增管观察。但该方法灵敏度较低，局限性大，较适宜检测暴露在外表面的电晕放电。

3. 热检测法

由于局部放电在放电点会发热，当故障较严重时，局部热效应是明显的，可用预先埋入的热电偶来测量各点温升，从而确定局部放电部位。这种方法既不灵敏也不能定量，因而在现场测量中一般不用这种方法。

附录 B　根据短时持续电流的热效应计算裸导体横截面积的方法

下面的公式可用以计算承受电流持续时间为 0.2～5s 的热效应的裸导体横截面积：

$$S=\frac{1}{\alpha}\sqrt{\frac{t}{\Delta\theta}}$$

式中　S——导体横截面积，mm²；

I——电流有效值，A；

α——按下列规定取值：铜为 13，铝为 8.5，铁为 4.5，铅为 2.5；

t——电流通过时间，s；

$\Delta\theta$——温升，K，对裸导体一般取 180K；如果时间超过 2s，但小于 5s，$\Delta\theta$ 值可增到 215K。

本公式考虑了温度升高并非严格的绝热过程。